建筑工程CAD案例教程

主　编　赵　洁　刘　颖
副主编　王　觅　关　蕾　王欣欣
主　审　毛　进　苏君梅

U0316205

北京理工大学出版社
BEIJING INSTITUTE OF TECHNOLOGY PRESS

内 容 提 要

本书采用项目教学方法，通过大量案例介绍了AutoCAD 2016的功能及其在建筑工程制图中的应用。全书共分为7个项目，主要内容包括AutoCAD 2016认知、基本图形绘制、建筑施工图绘制、结构施工图绘制、给水排水施工图绘制、采暖施工图绘制和建筑电气施工图绘制等。

本书可作为高等院校土木工程类相关专业的教材，也可作为建筑工程执业资格培训的教材和工程技术人员的参考资料。

图书在版编目(CIP)数据

建筑工程CAD案例教程 / 赵洁，刘颖主编.—北京：北京理工大学出版社，2018.1
ISBN 978-7-5682-5071-9

Ⅰ.①建…　Ⅱ.①赵…　②刘…　Ⅲ.①建筑设计－计算机辅助设计－AutoCAD软件－高等
学校－教材　Ⅳ.①TU201.4

中国版本图书馆CIP数据核字(2017)第313394号

出版发行 / 北京理工大学出版社有限责任公司		
社　　址 / 北京市海淀区中关村南大街5号		
邮　　编 / 100081		
电　　话 / （010）68914775（总编室）		
（010）82562903（教材售后服务热线）		
（010）68948351（其他图书服务热线）		
网　　址 / http://www.bitpress.com.cn		
经　　销 / 全国各地新华书店		
印　　刷 / 北京紫瑞利印刷有限公司		
开　　本 / 787毫米×1092毫米　1/16		责任编辑 / 李玉昌
印　　张 / 11.5		文案编辑 / 李玉昌
字　　数 / 278千字		责任校对 / 周瑞红
版　　次 / 2018年1月第1版　2018年1月第1次印刷		责任印制 / 边心超
定　　价 / 49.00元		

图书出现印装质量问题，请拨打售后服务热线，本社负责调换

前　言

本书以应用AutoCAD 2016中文版软件为手段，通过大量建筑工程案例，讲解了建筑、结构、给水排水、采暖和电气等专业工程图纸的计算机绘制方法。本书以实际应用为主，采用图形分解、组合绘制的基本方法演练大量建筑工程图形实例，快捷有效地提高了学生对软件进行熟练操作和对工程图纸进行规范绘制的能力。

本书主要具有以下特点：

1. 采用以任务为驱动的项目教学方法，将每个项目分解为多个任务，每个任务均包含"基本任务"和"任务扩展"两部分内容，满足不同学习程度的需要。

2. 每个任务中选用的工程图形案例均来源于实际工程，满足与专业绘图技能无缝对接的教学要求。

3. 各任务的难易程度符合学生的学习规律，教师讲解完成后，学生能够自己动手操作完成相关案例任务，从而提高了学生的学习兴趣。

4. 各项目均安排有学习目标、项目小结、项目实训和项目考核等内容，从而让学生在学习项目前能够明确学习目标，在学习完项目操作后能结合实训任务进行项目考核。

本书共分为7个项目，由赵洁、刘颖担任主编，王觅、关蕾、王欣欣担任副主编。具体编写分工为：项目1由王欣欣编写；项目2由刘颖编写；项目3、项目5、项目6由赵洁编写；项目4由王觅编写；项目7由关蕾编写。全书由赵洁、刘颖进行统稿，由毛进、苏君梅主审。

本书在编写过程中参阅了大量文献，在此向这些文献的作者致以诚挚的谢意！由于编写时间仓促，编者的经验和水平有限，书中难免有不妥之处，恳请读者和专家批评指正。

编　者

目　录

项目 1　AutoCAD 2016 认知

知识目标

1. 了解 AutoCAD 的发展史与操作界面。
2. 熟悉绘图辅助工具的使用方法。
3. 掌握图层的建立方法，会根据需要编辑图层。
4. 熟悉打印 AutoCAD 图纸的方法。

能力目标

1. 能根据需要建立 AutoCAD 图形文件。
2. 能根据需要选择合适的绘图辅助工具。
3. 能根据需要建立合理的图层，能对建立的图层进行编辑。
4. 能根据绘图要求打印 AutoCAD 图纸。

任务 1.1　AutoCAD 2016 初识

AutoCAD(Autodesk Computer Aided Design)是由美国欧特克有限公司(Autodesk)出品的一款计算机辅助设计软件。于 1982 年 11 月正式出版 AutoCAD 1.0，之后不断完善和更新，几乎每年都会出一个新版本，AutoCAD 2016 是第 30 个主要版本。AutoCAD 可用于二维绘图和三维设计，在工程制图、工业制图、土木建筑、装饰装潢、电子工业、服装加工、航空航天等多个领域得到广泛应用，现已成为国际上广为流行的绘图工具。Auto-CAD 具有良好的用户界面，通过交互菜单或命令行方式便可以进行各种操作。AutoCAD 具有广泛的适应性，它可以在各种操作系统支持的微型计算机和工作站上运行。同时，它的多文档设计环境，让非计算机专业人员也能很快地学会使用，在不断实践的过程中更好地掌握 AutoCAD 各种应用和二次开发技巧，从而使工作效率不断提高。

1.1.1　AutoCAD 2016 操作界面

AutoCAD 2016 的经典工作界面主要由以下几部分构成：应用程序按钮、快速访问工具栏、标题栏、菜单栏、工具栏、绘图窗口、命令行、状态栏、光标、坐标系图标、模型/布局选项卡和滚动条等组成，如图 1-1 所示。

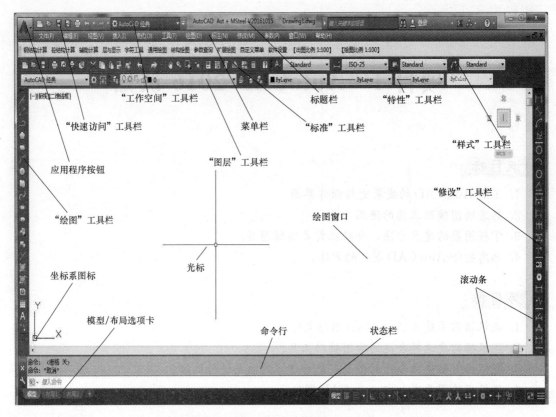

图1-1 AutoCAD 2016 经典工作界面

1. 应用程序按钮

单击"应用程序"按钮，可以显示"新建""打开""保存""另存为""输出""发布""打印""图形实用工具""关闭""选项""退出 AutoCAD 2016"等常用的命令。

2. 快速访问工具栏

快速访问工具栏有"新建""打开""保存""另存为""打印""放弃""重做""工作空间"8个常用的命令。单击相应的图标即可执行相关的命令。同时，用户可以根据自己的需求自行存储常用的命令。其方法是：单击快速访问工具栏的 按钮，从下拉列表中选择要添加的命令；或者在快速访问工具栏中单击鼠标右键，在弹出的菜单中选择"自定义快速访问工具栏"选项，AutoCAD 将打开"自定义用户界面"对话框显示可用命令的列表，选择要添加的命令图标，按住鼠标左键将相应的命令从命令列表窗中拖动到快速访问工具栏上即可。

3. 标题栏

标题栏位于应用程序的最顶部。绘图窗口中的标题栏显示当前图形文件的名称。

4. 菜单栏

AutoCAD 2016 菜单栏包括 12 个菜单项，菜单包含了 AutoCAD 常用的功能和命令，利用它可以执行 AutoCAD 的大部分命令。单击菜单栏中的某一项，系统会弹出相应的下拉菜单。图 1-2 所示为 格式 下拉菜单及子菜单。在下拉菜单中，对于右侧有小三角的菜单项，表示其还有子菜单。图 1-2 显示出了 图层工具 子菜单；右侧有三个小点的菜单项，表示单击该菜单项后会弹出一个对话框；右侧没有内容的菜单项，单击它后会执行对应的 AutoCAD 命令。

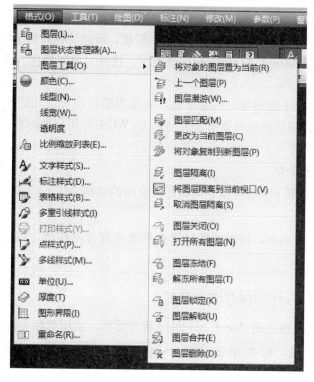

图 1-2 "格式"下拉菜单及子菜单

5. 工具栏

AutoCAD 2016 提供了 54 个工具栏，每一个工具栏上均有一些形象化的按钮。单击某一按钮，可以启动 AutoCAD 的对应命令。用户可以根据需要打开或关闭任一个工具栏。其方法是：在已有工具栏上单击鼠标右键，AutoCAD 弹出工具栏快捷菜单，通过其可实现工具栏的打开与关闭。另外，也可以选择使用下拉菜单，选择 工具 → 工具栏 → AutoCAD，即可打开 AutoCAD 的各种工具栏。

6. 绘图窗口

绘制窗口是用户的工作平台。它相当于桌面上的图纸，是用户用 AutoCAD 2016 绘图并显示所绘图形的区域。我们所做的一切工作都反映在该窗口中。在绘图窗口中可以观察绘图过程中创建的所有对象，通过光标指示当前工作点的位置。

7. 命令行

命令行可以显示用户从键盘键入的命令和显示 AutoCAD 提示信息。默认时，Auto-CAD 在命令行保留最后三行所执行的命令或提示信息。用户可以通过拖动窗口边框的方式改变命令行的大小，也可按功能键"F2"弹出或关闭命令历史区窗口，用于观察提示信息及当前图形已执行过的命令。

8. 状态栏

状态栏位于绘图屏幕的底部，用于显示或设置当前的绘图状态。状态栏上位于左侧的一组数字反映当前光标的坐标,其余按钮从左到右分别表示当前是否启用了栅格显示、捕捉模式、正交模式、极轴追踪、对象捕捉追踪、对象捕捉、切换工作空间及全屏显示等信息。

9. 光标及坐标系

当光标位于 AutoCAD 的绘图窗口时为十字形状,所以又称其为十字光标。十字线的交点为光标的当前位置。AutoCAD 的光标用于绘图、选择对象等操作。在绘图区以外光标呈白色箭头形状。

坐标系图标通常位于绘图窗口的左下角,表示当前绘图所使用的坐标系的形式以及坐标方向等。AutoCAD 提供的坐标系有世界坐标系(WCS)和用户坐标系(UCS)两种。世界坐标系为默认坐标系。

10. 模型/布局选项卡

模型/布局选项卡用于实现模型空间与图纸空间的切换。

11. 滚动条

利用水平和垂直滚动条,可以使图纸沿水平或垂直方向移动,即平移绘图窗口中显示的内容。

1.1.2 创建、打开和保存图形文件

用鼠标左键双击桌面上的 AutoCAD 2016 程序图标,或用鼠标左键单击 Windows 中的 Start (开始)菜单按钮,依次单击 开始 → 所有程序 → Autodesk → AutoCAD 2016 列表中的 AutoCAD 2016,即可进入程序。

AutoCAD 2016 提供有"草图与注释""三维基础"和"三维建模"这三种工作界面,初次打开时,默认显示的是"草图与注释"工作界面,用户可以根据需要在三种工作界面之间进行切换,也可以选择"自定义"工作界面,设置相应参数后进行保存。

若要关闭 AutoCAD 2016 软件,可以单击 AutoCAD 2016 标题栏右边的关闭按钮,或者单击菜单中的 文件 → 退出 选项,或者使用快捷键 Ctrl+Q,即可退出程序。

1. 创建图形文件

菜单栏:文件 → 新建。

工具栏:单击 新建 按钮 。

命令行:输入 New 即可。

应用程序按钮:单击应用程序按钮,单击 新建 → 图形。

快捷键:按下 Ctrl+N 组合键。

执行"新建"命令之后,AutoCAD 2016 会弹出"选择样板"对话框,如图 1-3 所示。在对话框中选择"acadiso.dwt"样板,单击"打开"按钮即可新建一张新的图形文件。若单击"取消"按钮即可撤销该命令。

2. 打开图形文件

菜单栏:文件 → 打开。

工具栏:单击 打开 按钮 。

命令行:输入 Open 即可。

快捷键：按下 Ctrl＋O 组合键。

执行"打开"命令之后，AutoCAD 2016 会弹出"选择文件"对话框，如图 1-4 所示。在
"查找范围"下拉列表中选择文件所在目录，在"文件类型"下拉列表中选择文件类型，默认
项为"图形(＊.dwg)"，在"名称"列表框中选择要打开的图形文件名，单击"打开"按钮即可
打开相应图形文件，若单击"取消"按钮即可撤销该命令。

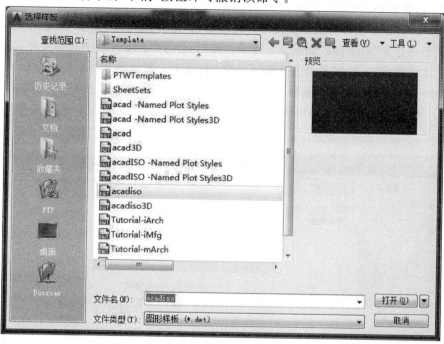

图 1-3 "选择样板"对话框

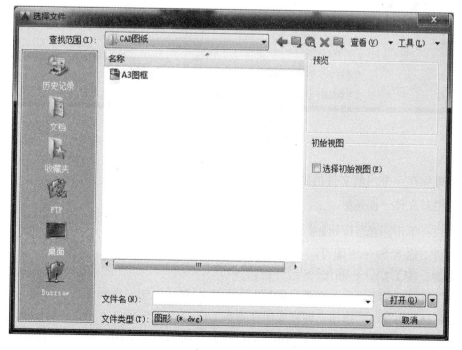

图 1-4 "选择文件"对话框

3. 保存图形文件

菜单栏： 文件 → 保存 。

工具栏：单击 保存 按钮 ■ 。

命令行：输入 Qsave 即可。

快捷键：按下 Ctrl+S 组合键。

AutoCAD 的图形文件存储格式是".dwg"格式，第一次执行"保存"命令时，AutoCAD
会弹出"图形另存为"对话框，如图 1-5 所示。在"保存于"下拉列表中选择文件存放的磁盘
目录，在"文件类型"下拉列表中选择要保存的文件类型，默认的文件类型是"AutoCAD 2013
图形(＊.dwg)"，在"文件名"编辑框中输入文件名，建议不要使用默认的图形文件名，
以免混淆。单击"保存"按钮即可保存当前文件，之后在绘制过程中根据需要随时保存
即可。

图 1-5 "图形另存为"对话框

如果想保存一个当前文件的副本，可以使用"另存为"命令。

菜单栏：文件→ 另存为 。

工具栏：单击 另存为 按钮 ■ 。

命令行：输入 Saveas 即可。

快捷键：按下 Ctrl+shift+S 组合键。

执行"另存为"命令之后，在弹出的"图形另存为"对话框中，选择保存文件的文件夹→为
新文件取名→单击"保存"按钮，即完成保存副本工作。

注意：使用"另存为"命令时，AutoCAD 将会自动关闭当前图，将另存为的图形文件打
开并置为当前图。

1.1.3 AutoCAD 坐标系

AutoCAD 图形的位置是由坐标系来确定的，在 AutoCAD 中有两个坐标系，分别是世界坐标系和用户坐标系。世界坐标系(World Coordinate System)简称 WCS，或者称为通用坐标系，它是以屏幕左下角的 $O(0，0，0)$ 点作为坐标原点，X 轴为水平轴，以向右为正方向；Y 轴为竖直轴，以向上为正方向；Z 轴根据右手法则来确定，与 XOY 面垂直。在 AutoCAD 中世界坐标系是固定不变的。用户坐标系(User Coordinate System)简称 UCS，是用户根据绘图的需要建立的属于自己专用的坐标系，一般在绘制三维图形时使用。

1. 坐标系的形式

AutoCAD 在绘图时可以采用绝对直角坐标系、相对直角坐标系、相对极坐标系、球坐标系和柱坐标系等。其中，球坐标系和柱坐标系一般用于三维绘图，在此不再赘述。

在 AutoCAD 中可以显示或者隐藏坐标系图标，其设置方法如下：

· 在命令行输入"UCSICON"，根据提示设置。

命令：UCSICON↙

输入选项[开(ON)/关(OFF)/全部(A)/非原点(N)/原点(OR)/可选(S)/特性(P)]<开>：on↙

· 打开 视图 下拉菜单，选择 显示 → UCS图标 → 开 ，在开/关之间切换。

2. 坐标显示

在屏幕的左下方，有三个用逗号隔开的数字，从左到右分别代表点的 X、Y、Z 坐标，当移动鼠标时，其数值随之变化，表示光标的当前位置。在二维坐标系中，随着光标的移动，只有 X、Y 值发生变化，Z 值始终为 0。

3. 坐标系的表示方法

(1)绝对直角坐标系。绝对直角坐标系是相对于坐标系原点(0，0，0)的坐标，可以直接输入坐标值(X，Y，Z)，即可在屏幕上确定唯一的点。在二维平面中，只需输入(X，Y)值即可确定点的位置。若坐标值为负，表示其方向与正值相反。

命令：LINE↙　　　　　　　　　　　　　　　　　　　　　　(输入绘制直线命令)
指定第一个点：500，800↙　　　　　　　　　　　　　　　　(输入直线起点坐标)
指定下一点或[放弃(U)]：1 000，2 000↙　　　　　　　　　(输入直线终点坐标)
指定下一点或[放弃(U)]：↙　　　　　　　　　　　　　　　(回车结束绘制)

(2)相对直角坐标系。相对直角坐标系是指相对于上一个点分别在 X、Y、Z 方向的距离，一般采用"@X，Y，Z"方式表示。在二维平面中，只需输入(@X，Y)值即可确定点的位置。若坐标值为负，表示其方向与正值相反。

命令：LINE↙　　　　　　　　　　　　　　　　　　　　　　(输入绘制直线命令)
指定第一个点：　　　　　　　(直线起点，在屏幕直接点击，捕捉某直线端点)
指定下一点或[放弃(U)]：@ 500，200↙　　(直线终点，与起点的相对坐标值)
指定下一点或[放弃(U)]：↙　　　　　　　　　　　　　　　(回车结束绘制)

(3)相对极坐标系。相对极坐标系是指相对于某一个固定点的距离和角度而确定的新点的坐标。在 AutoCAD 中默认的角度方向是逆时针方向，而且用极坐标定位时总是相对于前一个点。一般采用"@X<Y"方式表示，其中，X 值表示相对于前一个点的距离，Y 值表示

与坐标系水平轴 X 轴所夹角度的大小。若 X 值为负值，表示直线方向与正值相反；若 Y 值为负值，表示角度为顺时针方向。

命令：LINE↙　　　　　　　　　　　　　　　　　（输入绘制直线命令）

指定第一个点：　　　　　　（直线起点，在屏幕直接点击，捕捉某直线端点）

指定下一点或[放弃(U)]：@ 100＜60↙

　　　　　　（直线终点，相对于前一个点的距离是 100，与水平轴的角度是 60°）

指定下一点或[放弃(U)]：↙　　　　　　　　　　　（回车结束绘制）

任务 1.2　绘图辅助工具的使用

绘图辅助工具是指命令区下面状态栏中的命令，如图 1-6 所示。使用这些命令并不能生产或编辑实体，但是可以设置一个更好的绘图环境，为绘图、修改、标注、查询等带来很大的便利，方便用户绘制出高精度的图形。AutoCAD 的绘图辅助工具命令有许多属于"透明命令"，即在绘图的过程中，可以在未完成原有命令的过程中直接点击绘图辅助工具命令，暂时中断图形的绘制，待执行完该辅助工具命令后再回到原有的绘图命令状态，继续绘图。本节主要介绍栅格、栅格捕捉、正交、极轴、对象捕捉、对象追踪等辅助工具。

图 1-6　辅助工具

1.2.1　栅格捕捉、栅格显示的使用

栅格相当于坐标纸，其作用有两个：一是以网格的形式显示图形界限，在图形界限打开时，只能在界限之内绘图，界限之外是画不上图的，在图形界限关闭时则可以在无限的空间内绘图，系统默认图形界限是关闭的，即为绘图提供了无限空间；另一个是配合"栅格捕捉"按钮，使绘制图形时的点都落在网格点上。栅格显示如图 1-7 所示。在画图框之前，应打开栅格，避免将图形画在图纸之外。利用"草图设置"对话框中的"捕捉和栅格"选项卡可进行栅格捕捉与栅格显示方面的设置。单击状态栏"栅格显示"模式开关▨（或者快捷键F7），可方便地打开和关闭栅格（显示蓝色为打开）。

栅格捕捉是使绘图的点只能停留在栅格点上，点与点之间的空白处则不能停留。栅格捕捉的好处在于只能沿预先设定好的网格点进行绘图，保证所有点都在网格点上。栅格捕捉和栅格显示模式是配合使用的，栅格捕捉打开时，光标移动受捕捉间距的限制，它使鼠标所给的点只能落在捕捉间距所定的点上。单击状态栏"栅格捕捉"模式开关▨（或者快捷键 F9），可方便地打开和关闭栅格捕捉（显示蓝色为打开）。

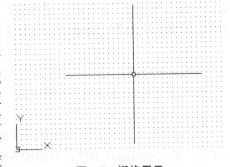

图 1-7　栅格显示

利用"草图设置"中的"捕捉和栅格"选项卡可进行栅格捕捉类型与栅格显示方式的设置，还可修改栅格和栅格捕捉的间距。操作方法如下：

菜单栏：工具→绘图设置。

状态栏：在状态栏上的"捕捉"或"栅格"按钮上右击，从快捷菜单中选择"捕捉设置"命令；或者单击"栅格捕捉"旁边的小三角，从下拉列表中选择"捕捉设置"选项。

AutoCAD 执行命令后弹出"草图设置"对话框，如图 1-8 所示。对话框中的"捕捉和栅格"选项卡用于栅格捕捉、栅格显示方面的设置。在捕捉间距中输入 X 轴和 Y 轴的间距，用鼠标单击"启用捕捉"前面的方框，方框内出现√即表示打开捕捉。在栅格间距中输入 X 轴、Y 轴的间距和每条主线之间的栅格数，可以使栅格变大或变小，栅格间距在设置时要因图而异。用鼠标单击"启用栅格"前面的方框，方框内出现√即表示打开捕捉。关闭"栅格行为"选项区域中的"自适应栅格""显示超出界限的栅格"等全部开关。

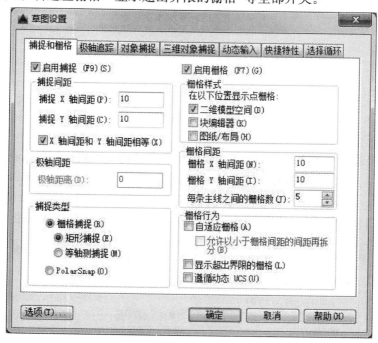

图 1-8 "草图设置"对话框

1.2.2 正交、极轴追踪的使用

1. 正交

正交是使用户绘制与当前坐标系统的 X 轴或 Y 轴平行的线段，正交不需要设置，只需要打开或关闭正交按钮。单击状态栏上的"正交"按钮 ▚（或者快捷键 F8），可快速实现正交功能启用与否的切换（显示蓝色为打开）。

2. 极轴追踪

极轴追踪是指用户先根据需要设置一个极轴增量角，当 AutoCAD 提示用户指定点的位置时（如指定直线的另一端点），拖动光标，使光标接近预先设定的方向（即极轴追踪方向），此时 AutoCAD 会自动显示一条追踪线（极轴），同时沿该方向显示出极轴追踪矢量，用户可以直接输入距离值即可确定点的位置，这种利用锁定极轴来确定角度的方式就是极轴追踪，如图 1-9 所示。单击状态栏上的"极轴追踪"按钮 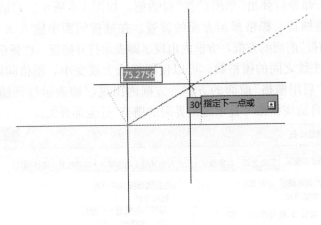（或者快捷键 F10），可快速实现极轴追踪功能启用与否的切换（显示蓝色为打开）。在默认情况下，AutoCAD 的角度是以逆时针方向为角度的正方向。同时请注意，正交与极轴不能同时打开，只能打开其中一个。打开极轴，就会自动关闭正交。

图 1-9　极轴追踪

　　使用极轴追踪的关键就是设置合理的极轴增量角。用户可根据需要进行设置，方法如下：单击状态栏上的极轴追踪旁边的小三角，可以选择需要的极轴增量角，或者选择"正在追踪设置"选项，进入"草图设置"对话框，在"极轴追踪"选项卡进行增量角设置。增量角可以直接在下拉列表中选取，如果有特殊需要，也可以自己添加增量角，如图 1-10 所示。

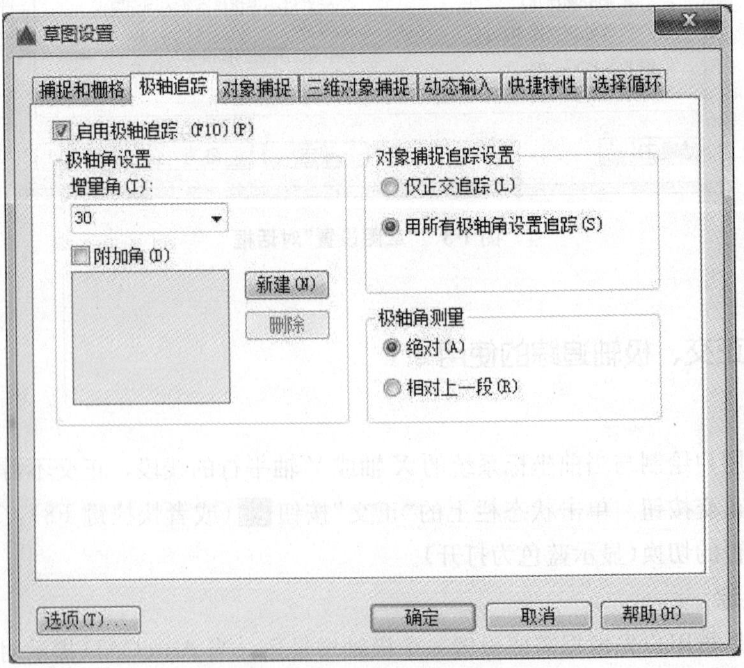

图 1-10　极轴追踪参数设置

1.2.3 对象捕捉、对象捕捉追踪的使用

1. 对象捕捉

对象捕捉即在绘图的过程中显示图形的某些特征点，如端点、中点、圆心等。这些特征点中，有些点是图形固有的点，如端点、圆心等，只要图形绘制完毕，这些点就客观地存在，而有些点则是在某些特定条件下才会出现，如垂足、切点等。只有打开对象捕捉，在绘制过程中根据需要才会显示。

显示特征点的方法如下：

(1)必须预先设置需要显示的特征点。设置方法是单击对象捕捉旁边的小三角，单击需要捕捉的特征点或"对象捕捉设置"；或者在"对象捕捉"按钮上单击鼠标右键，然后选择"对象捕捉设置"选项，打开"草图设置"对话框，如图 1-11 所示。在"对象捕捉"选项卡中勾选需要的特征点，之后在绘制过程中这些点将会被捕捉。

图 1-11 对象捕捉

(2)必须启用"对象捕捉"。启用的方法是在上面的框内勾选"启用对象捕捉"，或者直接用鼠标左键单击状态栏上的"对象捕捉"按钮 ■（显示蓝色为打开），或者使用快捷键 F3 即可打开对象捕捉。

(3)在绘图命令执行后才会显示捕捉的特征点。例如，设置了"垂足"和"切点"捕捉并启用了对象捕捉后，绘制完毕的图形并不显示"垂足"和"切点"，但当绘图命令如直线，光标经过图形时就出现了"垂足"捕捉标记 ┗，光标经过圆的边缘时就出现了"切点"标记 ♂，此时单击鼠标左键就可以捕捉到这些特征点，如图 1-12 所示。

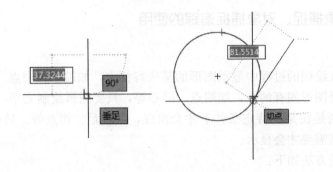

图 1-12 对象捕捉（捕捉垂足和切点）

（4）启用对象捕捉。对象捕捉不是随时都需要，所以建议在需要时启用，不需要时关闭。

在实际应用中，并不是对象捕捉的点越多越好。如果将捕捉点全部选择，那么在绘图的过程中由于有些捕捉点比较接近，反而容易出错，因此应根据需要随开随用。对象捕捉是透明命令，可以在绘图过程中临时选择不同的特征点、临时启用或关闭对象捕捉，从而方便绘制。

2. 对象捕捉追踪

对象捕捉追踪又称对象追踪，是指在捕捉到对象上的特征点后，将这些特征点作为基点进行正交或者极轴追踪，其追踪模式取决于"对象捕捉追踪设置"。单击状态栏上的"对象捕捉追踪"按钮■（或者快捷键 F11），可快速实现对象追踪功能启用与否的切换（显示蓝色为打开）。

对象追踪开关打开后，只需将光标悬停在特征点处（并不单击），然后再慢慢移动光标，就会出现一条追踪线，它经常与正交或极轴配合使用。对象追踪是一个很有用处的辅助命令，使用它可以轻易地得到多条追踪线的交点，从而使绘图工作更加便利。

任务 1.3　图层管理

为了便于对图形中的不同元素进行管理，AutoCAD 提供了图层功能，即将不同的图形元素储存在不同的图层中，用户可以根据需要选择任意图层绘制图形，而不会受到其他层上图形的影响。图层相当于透明纸片，可在其上绘制图形，然后重叠在一起，组成完整的图纸。绘图时启用"图层"命令，新建图层，设置图层的名称、颜色、线型和线宽。绘制时将所需的图层设置为当前图层，这样画出的图形将采用该图层的相关参数。同时，还可根据需要进行开关、冻结或锁定图层等操作，为绘图提供方便。

1.3.1　新建图层

首先，打开图层特性管理器。

菜单栏：格式 → 图层。

工具栏：单击图层工具栏上的 图层特性管理器 按钮 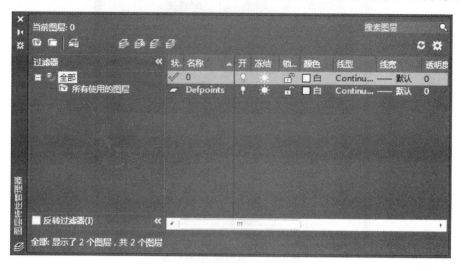 。

命令行：在命令行输入 LAYER 即可。

之后 AutoCAD 将弹出"图层特性管理器"对话框，如图 1-13 所示。默认情况下，Auto-CAD 提供一个图层，名称为"0"，颜色为白色，线型为实线，线宽为默认，且为打开状态。

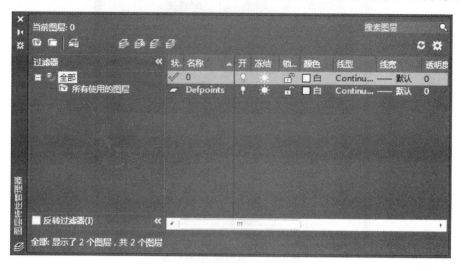

图 1-13 "图层特性管理器"对话框

在"图层特性管理器"对话框中单击上方的"新建"按钮 ，可建立一个新的图层，为新图层命名，输入新名称后回车确认。在绘图时，建议不要使用默认的图层名。为了方便查询，在命名时可以根据功能用汉字命名，如中心线、剖面线、粗实线、虚线、尺寸标注等。重新命名的方法为：选中要修改的图层名，单击该图层名，出现文字编辑框，在其中输入图层名即可。注意在输入名称时不能重名，不能使用 ∗、! 和空格等通配符。

1.3.2 删除图层

若想删除某个图层，单击"删除"按钮 即可。注意：图层 0、图层 Defpoints、当前图层、包含对象的图层和依赖外部参照的图层是不能删除的。

1.3.3 图层特性

1. 设置图层颜色

图层的颜色设置好之后，就等于设置好所有"Bylayer"（随层）的颜色。默认情况下，新建图层的颜色为"白色"，为了方便区分不同的图层，可根据需要修改某些图层的颜色。设置方法是单击"图层特性管理器"对话框中该图层的"颜色"图标，打开"选择颜色"对话框，如图 1-14 所示。从中选择一种颜色，单击"确定"即可。AutoCAD 中提供了 255 种索引颜色，并以数字 1～255 命名。选择颜色时，可以单击颜色图标，也可输入颜色以便选择。同时也可使用"真彩色"和"配色系统"选项卡来定义颜色。

2. 设置图层线型

图层的线型设置好之后，就等于设置好所有"Bylayer"（随层）的线型。默认情况下，新建图层的线型均为 Continuous 实线，应根据需要修改线型。设置方法是单击该图层的"线型"列的线型名称，打开"选择线型"对话框，如图 1-15 所示。

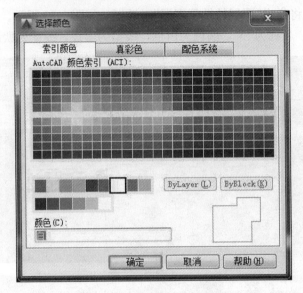

图 1-14 "选择颜色"对话框

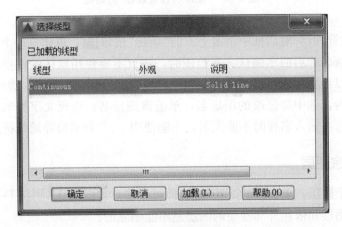

图 1-15 "选择线型"对话框

如果所需线型不在线型列表中，则可以单击"加载"按钮，打开"加载或重载线型"对话框，如图 1-16 所示。从中选择需要的线型，再单击"确定"按钮。最后还要在"选择线型"对话框中再次选中所需的线型，并单击"确定"按钮方可确定这个图层的线型。

3. 设置图层线宽

图层的线宽设置好之后，就等于设置好所有"Bylayer"（随层）的线宽。默认情况下，新建图层的线宽为"默认"（默认线宽是 0.25 mm），应根据需要修改线宽。设置方法是点击该图层的"线宽"列的线宽值，打开"线宽"对话框，如图 1-17 所示。从中选择一种线宽值，单击"确定"按钮。线宽设置后在默认状态下是不显示的，需要在其他辅助性按钮中按下"线宽"按钮才会显示。

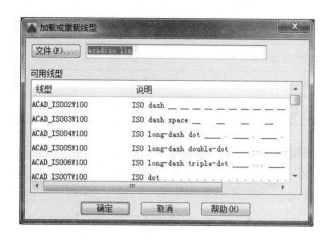

图 1-16 "加载或重载线型"对话框   图 1-17 "线宽"对话框

4. 改变图层

在绘制过程中，如果发现有些图形或元素选错了图层，并不需要删除重画。正确的操作方法是：选中这些对象，从图层下拉列表中选择要转换到的图层，再按下"ESC"键即可。

5. 设置当前图层

在"图层特性管理器"对话框中选择某一图层，然后单击对话框上部的"置为当前"按钮，即可将该图层设置为当前图层。或者采用"图层"工具栏下拉"图层列表"中选择某个图层名，也可将该图层设置为当前图层。图层工具栏上的"将对象的图层置为当前"按钮可将所选对象的图层置为当前图层。图层工具栏上的"上一个图层"按钮是放弃对图层设置的上一次修改，即将上一次使用的图层置为当前图层。

1.3.4 图层开关

默认情况下，新建图层均为"打开""解冻"和"解锁"状态，在绘图过程中可以根据需要改变图层的开关状态。其各项功能与差别见表 1-1。

表 1-1 图层开关功能

图层开关	功能
关闭	关闭某个图层后，该图层中的对象将不再显示，但仍然可在该图层上绘制新的图形对象，不过新绘制的对象也是不可见的。另外，通过鼠标框选无法选中被关闭图层中的对象，但还是有其他方法可以选中这些对象，如可在选择时输入 all 或右键在"快速选择"中选中该图层对象。被关闭图层中的对象是可以编辑修改的，例如，执行删除、镜像命令，选择对象时输入 all 或 Ctrl ＋ A，那么被关闭图层中的对象也会被选中，并被删除或镜像
冻结	冻结图层后不仅使该图层不可见，而且在选择时忽略图层中的所有实体，另外，在对复杂的图作重新生成时，AutoCAD 也忽略被冻结层中的实体，从而节约时间。冻结图层后，就不能在该图层上绘制新的图形对象，也不能编辑和修改

图层开关	功能
锁定	被锁定的图层是可见的，也可定位到图层上的实体，但不能对这些实体作修改，但可以新增实体
打开	恢复已关闭的图层，使图层上的图形重新显示出来
解冻	对冻结的图层解冻，使图层上的图形重新显示出来
解锁	对锁定的图层解除锁定，使图形可编辑

图层开关状态用图标的形式显示在"图层特性管理器"对话框中图层的名称后，要改变某图层的开关状态，只需单击该图标。也可在"图层"工具栏下拉"图层列表"中，单击表示该图层开关状态的图标，改变图层的开关状态。

任务 1.4　打印图形

输出图形是计算机绘图中的一个重要环节。在 AutoCAD 2016 中，可从模型空间直接打印图形，也可设置布局从图纸空间打印图形。一般工程图是在模型空间绘制的，如果不需要重新布局，可直接在模型空间打印图形。

1.4.1　添加图框及标题栏

1. 添加图框和标题栏线

打印图形之前，应先将图形放入图框中，并添加标题栏。CAD 常用幅面及图框尺寸见表 1-2。图框一般采用粗实线绘制，图框线和标题栏线的宽度见表 1-3。标题栏用来填写图名、图形比例、图号、单位名称及设计、复核等有关人员的签字。每张图纸的右下角都应有标题栏，其方向一般为看图的方向。图框和标题栏的具体绘制方法见后续章节。

表 1-2　CAD 常用幅面及图框尺寸　　　　　　　　　　　　　mm

幅面代号	A0	A1	A2	A3	A4
$b \times l$	841×1 189	594×841	420×594	297×420	210×297
a	25				
c	10			5	

表 1-3　图框线和标题栏线的宽度　　　　　　　　　　　　　mm

幅面代号	图框线	标题栏外框线	标题栏分格线、会签栏线
A0、A1	1.4	0.7	0.35
A2、A3、A4	1.0	0.7	0.35

2. 添加标题栏文字

(1)设置文字样式。AutoCAD 图形中的文字是根据当前文字样式标注的。文字样式说明所标注文字使用的字体以及其他设置，如字高、字颜色、文字标注方向等。AutoCAD 2016 为用户提供了默认文字样式 Standard。当在 AutoCAD 中标注文字时，如果系统提供的文字样式不能满足国家制图标准或用户的要求，则应首先定义文字样式。

菜单栏：格式→文字样式。

工具栏：单击"文字样式"按钮 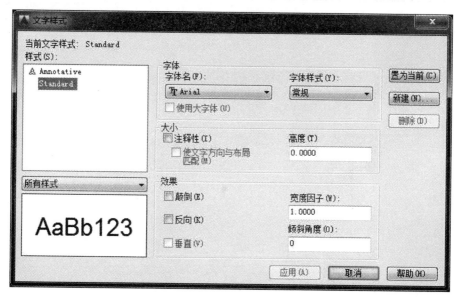。

命令行：输入 STYLE。

执行"文字样式"命令，AutoCAD 弹出如图 1-18 所示的"文字样式"对话框。

图 1-18 "文字样式"对话框

在"文字样式"对话框中，"样式"列表框中列有当前已定义的文字样式，用户可从中选择对应的样式作为当前样式或进行样式修改。"字体"选项组用于确定所采用的字体。"大小"选项组用于指定文字的高度。"效果"选项组用于设置字体的某些特征，如字的宽度因子、倾斜角度、是否颠倒显示、是否反向显示以及是否垂直显示等。预览框组用于预览所选择或所定义文字样式的标注效果。"新建"按钮用于创建新样式。"置为当前"按钮用于将选定的样式设为当前样式。"删除"按钮用于删除不需要的文字样式。"应用"按钮用于确认用户对文字样式的设置。单击"确定"按钮，AutoCAD 将关闭"文字样式"对话框。

一般在添加文字之前将需要的文字样式置为当前文字样式。

(2)添加文字。添加标题栏文字，常用"单行文字"(DTEXT)命令，其方法如下：

菜单栏：绘图→文字→单行文字。

命令行：输入 DTEXT。

执行 DTEXT 命令后，AutoCAD 提示：

当前文字样式：Standard 当前文字高度：0.600 0

指定文字的起点或[对正(J)/样式(S)]：

第一行提示信息说明当前文字样式以及文字高度。第二行中，"指定文字的起点"选项用于确定文字行的起点位置。用户响应后，AutoCAD 提示：

指定高度：　　　　　　　　　　　　　　　　　　（输入文字的高度值）

指定文字的旋转角度＜0＞：　　　　　　　　　　（输入文字行的旋转角度）

然后，AutoCAD 在绘图屏幕上显示出一个表示文字位置的方框，用户在其中输入要标注的文字后，按两次 Enter 键，即可完成文字的添加。

绘制完成的标准图框如图 1-19 所示。用户还可将完成的标准图框保存，需要时直接采用"插入"→"外部参照"的命令，将标准图框插入图纸当中，避免重复绘制。

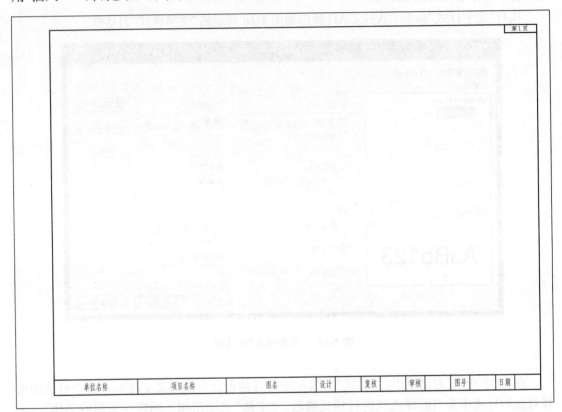

图 1-19　标准图框

1.4.2　打印设置及出图

从模型空间打印第一张图纸时，应按以下步骤操作：首先添加和配置打印机，将打印机设置为默认，然后进行页面设置，最后打印输出图形。

1. 将打印机设置为默认

用"选项"对话框可将打印机设置为默认，其方法如下：

（1）从下拉菜单选取：文件 → 绘图仪管理器 。

（2）执行命令后，系统弹出"Plotters"（打印机管理器）对话框，如图 1-20 所示。用鼠标双击"添加绘图仪向导"选项，添加可以使用的打印机。

（3）配置打印机。双击"打印机管理器"对话框中需配置的打印机名称，AutoCAD 将弹出"绘图仪配置编辑器"对话框，如图 1-21 所示。"绘图仪配置编辑器"对话框有三个标签，即"常规""端口""设备和文档设置"，可根据需要进行重新配置。

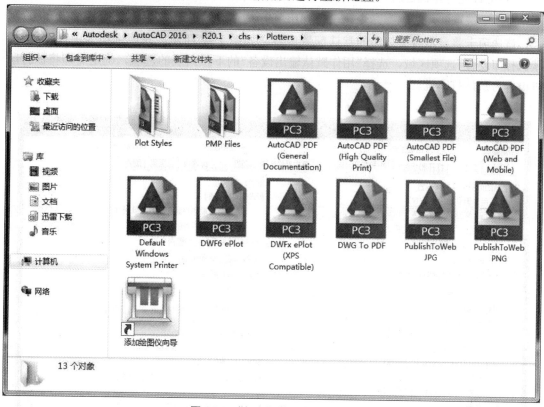

图1-20 "打印机管理器"对话框

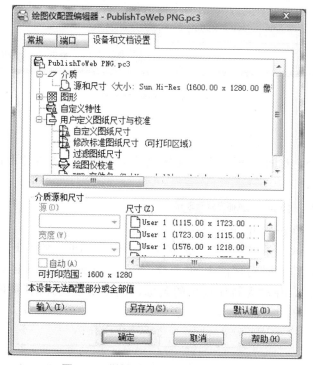

图1-21 "绘图仪配置编辑器"对话框

(4)配置完打印机之后，应在系统配置中将该打印机设置为默认打印机。其方法是：从下拉菜单中选取 工具 → 选项 命令，系统弹出"选项"对话框，选择其中的"打印和发布"选项卡，该选项卡将显示有关打印的默认配置内容，如图 1-22 所示。在该选项卡中"新图形的默认打印设置"选项区域，选择"用作默认输出设备"的下拉列表的选项，确定后即将该打印机设置为默认打印机。

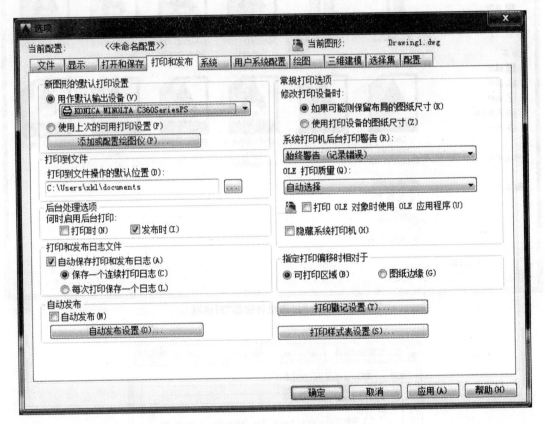

图 1-22 "选项"对话框

2. 页面设置

用页面设置命令，对同一图形文件可创建多个页面设置，并能修改已创建的页面设置。方法如下：

从下拉菜单选取： 文件 → 页面设置管理器 。

在命令行输入：Pagesetup。

执行命令后，AutoCAD 将弹出"页面设置管理器"对话框，如图 1-23 所示。

单击"页面设置管理器"对话框中的"新建"按钮，在弹出的"新建页面设置"对话框中选择相应的基础样式，并输入新建页面的名称，确定后系统弹出"页面设置－模型"对话框，如图 1-24 所示。

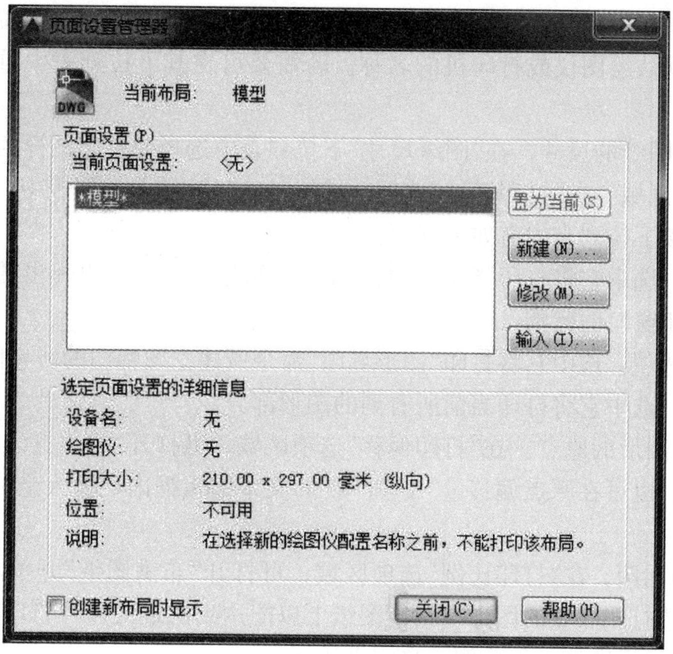

图 1-23 “页面设置管理器”对话框

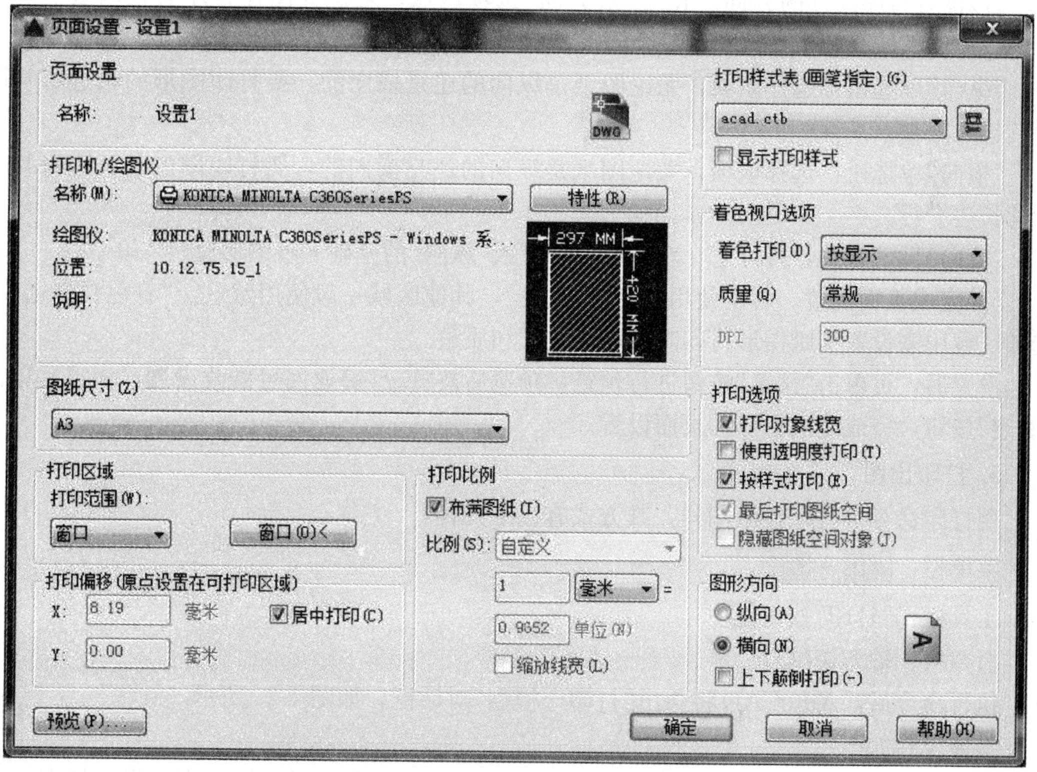

图 1-24 “页面设置一模型”对话框

在"页面设置－模型"对话框中可进行如下设置：

(1)选择绘图仪或打印机。在"打印机/绘图仪"选项区域的"名称"下拉列表窗口中，显示的是所选择的默认绘图仪或打印机的名称。若需要可在其下拉列表中重新选择绘图仪或打印机。

(2)设置打印图纸的尺寸。在"图纸尺寸"下拉列表中选择要打印图样的图纸尺寸。

(3)设置打印区域。在"打印区域"选项区域的"打印范围"下拉列表中，选择一个选项确定打印的范围。该下拉列表中有如下选项：

"窗口"选项：选中它将打印指定窗口内的图形部分。单击右边弹出的"窗口"按钮，进入绘图区指定打印窗口的范围。

"图形界限"选项：选中它将打印"图形界限"命令所建立图幅内的所有图形。

"显示"选项：选中它将打印当前所看到的图形部分。

(4)设置打印图形的原点。在"打印偏移"选项区域，可打开"居中打印"开关，将图样打印在图纸的中央；也可在原点偏移量"X"和"Y"的文字编辑框内，输入坐标值调整打印图样的原点位置。

(5)设置打印比例。在"打印比例"选项区域，可打开"布满图纸"开关，让 AutoCAD 自动调整比例将所选打印区域的图形在指定图纸上以能达到的最大尺寸打印出来；也可在"比例"下拉列表中选择标准的打印比例或自定义比例。

(6)选择打印样式表。在"打印样式表"选项区域的下拉列表中选择名为"monochrome. ctb"的打印样式表，可将彩色线型的图样直接打印成清晰的黑白图样。

(7)设置打印图样的方向。在"图形方向"选项区域，可选择图样打印时在图纸上的方向。该选项区域有两个单选钮和一个开关：

"纵向"单选钮：选择该项，无论图纸是纵向的还是横向的，要打印图形的长边将与图纸的长边垂直。

"横向"单选钮：选择该项，无论图纸是纵向的还是横向的，要打印图形的长边将与图纸的长边平行。

"反向打印"开关：打开它，在指定"横向"或"纵向"的基础上将图形旋转180°。

(8)完成页面设置。若不使用"打印样式表"，其他区域一般使用默认。"着色视口选项"选项区域用来设置三维图形打印时着色的方式和质量。

设置后，可单击"预览"按钮进行预览，预览后按"Esc"键返回可修改设置，满意后单击"确定"按钮，完成当前图形的页面设置。

3. 打印出图

用打印命令可打印输出图样，其方式有以下几种：

菜单栏： 文件 ➡ 打印 。

工具栏："打印"按钮 📇 。

命令行：输入 PLOT。

执行命令后，AutoCAD 将弹出"打印－模型"对话框，如图 1-25 所示。

具体操作如下：

(1)选择页面设置。在"打印－模型"对话框"页面设置"选项区域的"名称"下拉列表中，选中要应用的页面设置名称。选中后，对话框中将显示该"页面设置"的内容。

(2)指定打印份数。在"打印－模型"对话框"打印份数"选项区域的文字编辑框内输入或翻页指定要打印的份数。

(3)打印预览。单击"打印－模型"对话框中的"预览"按钮，即开始预览。如果预览后效果不理想，可按"Esc"键返回"打印－模型"对话框进行修改，然后再预览，直至达到需要的效果为止。

(4)开始打印。预览达到效果之后，单击"确定"按钮，开始打印出图。

如果后续打印的图纸与第一张图纸的打印设置完全相同，只需要在"打印－模型"对话框页面设置"名称"下拉列表中，选中"上一次打印"选项，确定后即可打印出与上次打印设置完全相同的图样。

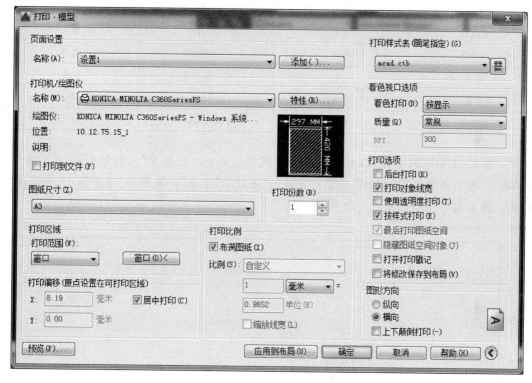

图1-25 "打印－模型"对话框

 项目小结

本项目主要介绍 AutoCAD 2016 的操作界面、创建图形文件，使用辅助工具精确绘图，图层管理以及图形的输出打印等，通过本项目的学习，学生应掌握以下知识：熟悉 AutoCAD 的操作界面和各区域的功能，在绘图过程中能根据命令行的提示操作；灵活应用正交、极轴、对象捕捉等绘图辅助工具进行精确绘图；掌握图层的建立方法，在绘图过程中会根据需要管理图层；熟悉打印 AutoCAD 图纸的方法。

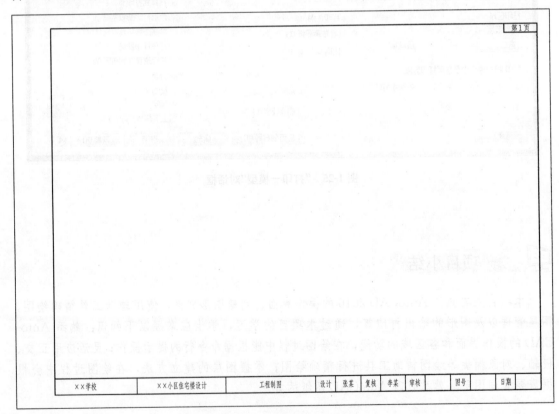

项目实训

1. 根据下列要求绘制图形文件。

(1)创建一个图形文件，文件名为"平面图"，保存该图形文件。

(2)按表1-4建立常用的图层。

表 1-4 图层属性

名称	颜色	线型	线宽
中心线	红色	Center	默认
轮廓线	绿色	Continuous	0.6
文字	白色	Continuous	默认
尺寸标注	蓝色	Continuous	默认
剖面线	紫色	Continuous	0.2

2. 按1∶1的比例绘制A3标准图框及标题栏。其中，图名为"工程制图"，单位为"××学校"，项目名称为"××小区住宅楼设计"，设计为"张某"，复核为"李某"，文字高度均为"6"。最后打印图纸，如图1-26所示。

图 1-26 A3 标准图框及标题栏

通过布置绘图任务，考核学生利用 AutoCAD 软件独立完成创建图形文件、图层管理、打印图形文件的能力，根据学生操作软件的正确性和耗时综合评判学生成绩。

项目 2　基本图形绘制

任务 2.1　基本图元绘制

在该任务环节中通过一些常见的建筑元素绘制学习来掌握 AutoCAD 中一些常用的基本绘图命令和编辑修改命令。通过绘制达到基本掌握 CAD 绘图的方法和技巧。

2.1.1　门的平面绘制

1. 图形分析

在门图形的绘制中，用矩形表示门，圆弧表示门的转动轨迹。绘制矩形可以用"直线"命令或"矩形"命令。绘制圆弧时可以有多种方法，如在图 2-1 中，以 A 点、B 点、C 点作为圆弧的参考点完成圆弧的绘制。

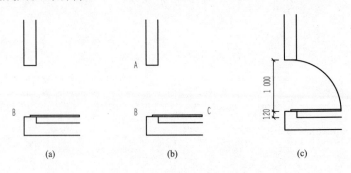

(a)　　　　(b)　　　　(c)

图 2-1　平面门绘制流程

2. 操作步骤

【方法一】 直线法

(1)右键单击状态栏上"捕捉模式"按钮，在快捷菜单中选择"捕捉设置"选项，打开"草图设置"对话框，在"草图设置"对话框"对象捕捉"选项卡中勾选"中点"。

(2)门扇绘制。单击"直线"命令，打开"正交"(F8)功能，捕捉门洞口[图 2-1(a)]下端线的"中点"B 点为起点，向右移动鼠标，输入 1 000，向上移动鼠标，输入 30，向左移动鼠标，输入 1 000，输入 C 闭合线条，确定，门扇绘制完成。

(3)门转动轨迹绘制。选择"绘图"菜单/"圆弧"/"起点、圆心、角度"选项，分别捕捉门洞口上下端线的中点 A、B[图 2-1(b)]，作为圆弧的起点、圆心，输入圆弧包含角度 90°。

(4)命令显示。

命令：_line↙

指定第一个点：

指定下一点或[放弃(U)]：1 000↙

指定下一点或[放弃(U)]：30↙

指定下一点或[闭合(C)/放弃(U)]：1 000↙

指定下一点或[闭合(C)/放弃(U)]：C↙

命令：_arc↙

指定圆弧的起点或[圆心(C)]：

指定圆弧的第二个点或[圆心(C)/端点(E)]：C↙

指定圆弧的圆心：

指定圆弧的端点(按住 Ctrl 键以切换方向)或[角度(A)/弦长(L)]：A↙

指定夹角(按住 Ctrl 键以切换方向)：90↙

【方法二】 矩形法

(1)门扇绘制。执行"矩形"命令，捕捉门洞口[图 2-1(a)]下端线的"中点"B 点作为矩形的第一个角点，向左移动鼠标，设置长度为 1 000，宽度为 30，绘制结果如图 2-1(b)所示。

(2)门转动轨迹绘制。选择"绘图"/"圆弧"/"起点、圆心、端点"选项，分别捕捉门洞口的上下端线的中点 A、B 以及矩形的右下角点 C[图 2-1(b)]，作为圆弧的起点、圆心和端点，绘制结果如图 2-1(c)所示。

(3)命令显示。

命令：_rectang↙

指定第一个角点或[倒角(C)/标高(E)/圆角(F)/厚度(T)/宽度(W)]：

指定另一个角点或[面积(A)/尺寸(D)/旋转(R)]：@ 1 000,30↙

命令：_arc↙

指定圆弧的起点或[圆心(C)]：

指定圆弧的第二个点或[圆心(C)/端点(E)]：C↙

指定圆弧的圆心：

指定圆弧的端点(按住 Ctrl 键以切换方向)或[角度(A)/弦长(L)]：

2.1.2 窗的平面绘制

1. 图形分析

如图 2-2 所示，窗的平面图形是由外部的一个矩形和内部等分的两条直线组合而成。可以通过 AutoCAD 中点的"定数等分"和"偏移"命令的学习完成本次任务的制作。

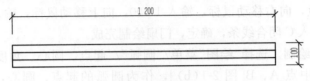

图 2-2 平面窗

2. 操作步骤

(1)水平线的绘制与偏移。

1)单击"绘图"工具栏中的"直线"按钮，拾取绘图窗口中的任意一点，打开"正交"功能，向右移动鼠标，输入数值 1 200，连续按两次 Enter 键，绘制一条长 1 200 的线段。

2)单击"修改"工具栏中的"偏移"按钮，在命令行中输入 100，选择之前绘制的直线，在要偏移的方向单击鼠标左键，按 Enter 键结束命令，结果如图 2-3 所示。

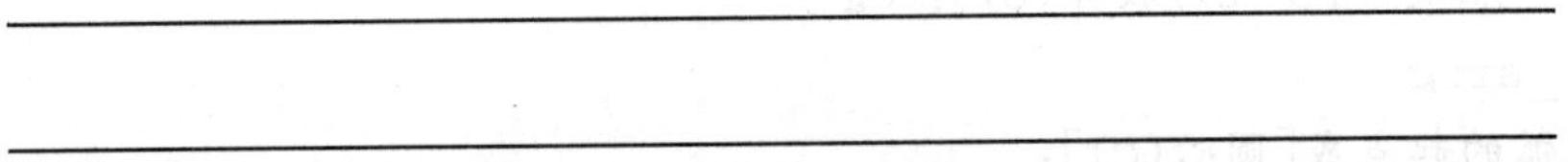

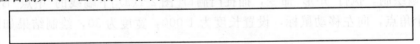

图 2-3 水平线偏移

(2)竖直线的绘制与偏移。

1)单击"绘图"工具栏中的"直线"按钮，将两条线段的左端点用直线连接起来。

2)单击"修改"工具栏中的"偏移"按钮，在命令行中输入 1 200，按 Enter 键，然后选择竖直线，在右侧方向单击鼠标，结果如图 2-4 所示。

图 2-4 竖直线偏移

(3)水平线的偏移。

1)定数等分。设置点样式：单击"格式"菜单下的"点样式"命令，选择第四种样式。

选择"绘图"/"点"/"定数等分"命令，选择竖直线，输入线段数目 3，按空格确认，如图 2-5 所示，竖直线被等分成了三段。

2)水平线偏移。单击"修改"工具栏中的"偏移"按钮，在命令行中输入 T，按 Enter 键，选择最下端的水平线，捕捉节点并单击后偏移出一条通过节点的水平线，再次选择刚刚偏移出来的水平线，捕捉第二个节点并单击，偏移出第二条水平线，如图 2-5 所示。

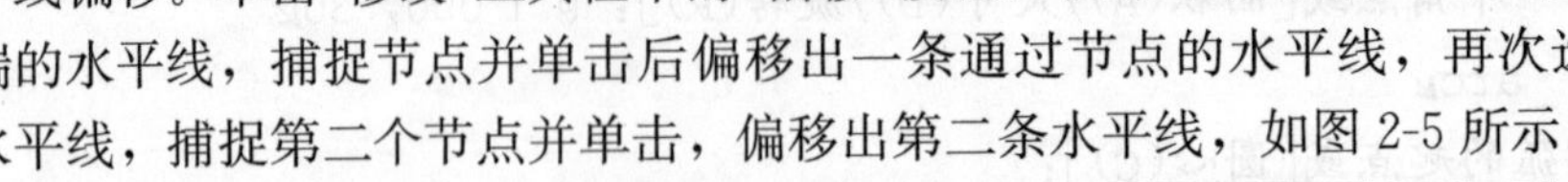

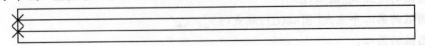

图 2-5 定数等分和水平线偏移

3)选择图 2-5 中的两个点，单击"修改"工具栏中的"删除"按钮，删除辅助作图的两个点即可。

（4）命令显示。

命令：_line↙

指定第一个点：

指定下一点或[放弃(U)]：＜正交 开＞1 200↙

指定下一点或[放弃(U)]：

命令：_offset↙

指定偏移距离或[通过(T)/删除(E)/图层(L)]＜1 200.000 0＞：100↙

选择要偏移的对象，或[退出(E)/放弃(U)]＜退出＞：

指定要偏移的那一侧上的点，或[退出(E)/多个(M)/放弃(U)]＜退出＞：

选择要偏移的对象，或[退出(E)/放弃(U)]＜退出＞：

命令：_line↙

指定第一个点：

指定下一点或[放弃(U)]：

指定下一点或[放弃(U)]：

命令：_offset↙

指定偏移距离或[通过(T)/删除(E)/图层(L)]＜100.000 0＞：1 200↙

选择要偏移的对象，或[退出(E)/放弃(U)]＜退出＞：

指定要偏移的那一侧上的点，或[退出(E)/多个(M)/放弃(U)]＜退出＞：

命令：_divide↙

选择要定数等分的对象：

输入线段数目或[块(B)]：3↙

命令：_offset↙

指定偏移距离或[通过(T)/删除(E)/图层(L)]＜1 200.000 0＞：T↙

选择要偏移的对象，或[退出(E)/放弃(U)]＜退出＞：

指定通过点或[退出(E)/多个(M)/放弃(U)]＜退出＞：

选择要偏移的对象，或[退出(E)/放弃(U)]＜退出＞：

指定通过点或[退出(E)/多个(M)/放弃(U)]＜退出＞：

命令：_erase 找到 2 个

2.1.3 基础详图的绘制

1. 图形分析

绘制如图 2-6 所示的基础详图时，首先需要根据尺寸绘制出基础的外轮廓，其次在基础轮廓内填充图例来表示剖切对象的材质（如砖或者混凝土）。在学习了项目 1 的图层创建后，在本次任务中我们需要在制作之前设置好图层，在对应的图层中先绘制出基础轮廓线，其次利用"图案填充"命令绘制出材质，这样在后期的使用中可以更好地提高工作效率。

2. 操作步骤

（1）创建文件及图层。

1)选择"文件"/"新建"命令，创建一个新的 dwg 格式文件并保存。

2)创建 5 个图层，分别定义为轮廓线、填充、轴线、标注、文本。

(2)绘制外轮廓线。

1)单击"图层控制"中的"轮廓线"图层，将"轮廓线"置为当前层，单击"直线"按钮，同时按 F8 打开"正交"功能，参照图 2-6 所示尺寸绘制出图 2-7 所示图形，并单击鼠标右键结束命令。

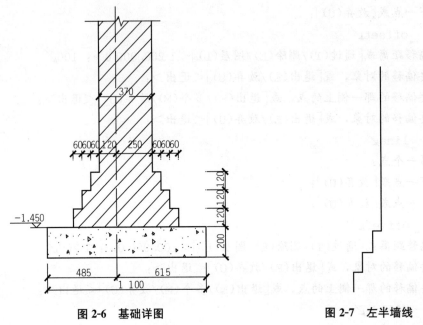

图 2-6　基础详图　　　　　　　　　　图 2-7　左半墙线

2)在墙线顶部向右端绘制一条距墙线长度为 370 的辅助线，激活"镜像"命令 ◢▮，捕捉辅助线的中点进行镜像，删除辅助线后效果如图 2-8 所示。

3)作图过程中根据需要配合关闭或开启正交命令，再次运用直线命令绘制截断线，如图 2-9 所示。

4)单击"直线"按钮，将墙线底部的两个端点用辅助线连接，如图 2-10 所示。

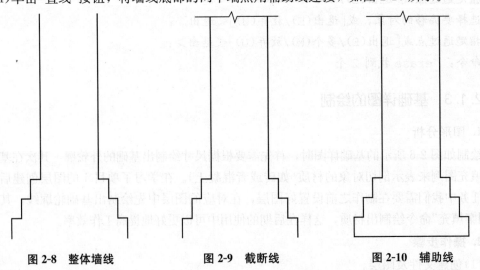

图 2-8　整体墙线　　　　　　　图 2-9　截断线　　　　　　　图 2-10　辅助线

5)在墙线附近位置运用"矩形"命令绘制长度为 1 100，高度为 200 的垫层，如图 2-11 所示。单击"移动"命令 ✛，选择矩形，单击鼠标右键，在矩形中点位置单击，移动矩形至辅助线中点位置，删除辅助线。效果如图 2-12 所示。

6)命令显示。

命令：_line↙

指定第一个点：＜正交 开＞

指定下一点或[放弃(U)]：120↙

指定下一点或[放弃(U)]：60↙

指定下一点或[闭合(C)/放弃(U)]：120↙

指定下一点或[闭合(C)/放弃(U)]：60↙

指定下一点或[闭合(C)/放弃(U)]：120↙

指定下一点或[闭合(C)/放弃(U)]：60↙

指定下一点或[闭合(C)/放弃(U)]：

命令：_line↙

指定第一个点：＞＞

正在恢复执行 LINE 命令。

指定第一个点：

指定下一点或[放弃(U)]：370↙

指定下一点或[放弃(U)]：

命令：_mirror↙

选择对象：指定对角点：找到 7 个

选择对象：

指定镜像线的第一点：

指定镜像线的第二点：

要删除源对象吗？[是(Y)/否(N)]＜否＞：

命令：_line↙

指定第一个点：

指定下一点或[放弃(U)]：

指定下一点或[放弃(U)]：＜正交 关＞

指定下一点或[闭合(C)/放弃(U)]：

指定下一点或[闭合(C)/放弃(U)]：

指定下一点或[闭合(C)/放弃(U)]：

指定下一点或[闭合(C)/放弃(U)]：＜正交 开＞

指定下一点或[闭合(C)/放弃(U)]：

命令：_line↙

指定第一个点：

指定下一点或[放弃(U)]：

指定下一点或[放弃(U)]：

命令：_rectang↙

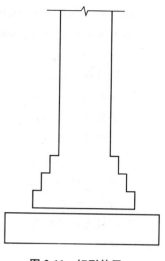

图 2-11　矩形垫层

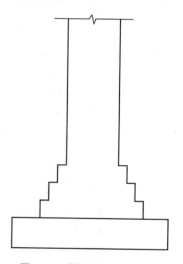

图 2-12　基础详图外轮廓

指定第一个角点或[倒角(C)/标高(E)/圆角(F)/厚度(T)/宽度(W)]：

指定另一个角点或[面积(A)/尺寸(D)/旋转(R)]：@1 100，200↙

命令：_move↙

选择对象：找到 1 个

选择对象：

指定基点或[位移(D)]<位移>：

指定第二个点或<使用第一个点作为位移>：

命令：指定对角点或[栏选(F)/圈围(WP)/圈交(CP)]：

命令：_erase 找到 1 个

(3)图案填充。

1)将填充图层设置为当前图层，在"绘图"工具栏中单击"图案填充"按钮 █，打开图 2-13
所示对话框。

图 2-13　"图案填充和渐变色"对话框

2)在"图案填充"选项卡下，单击"图案"右侧按钮 ⌐...⌐，打开如图 2-14 所示对话框，选
择"LINE"图例，单击"确定"按钮，返回如图 2-13 所示对话框。

3)在图 2-13 所示对话框内，在"边界"选项区域中选择"添加：拾取点"按钮 █，进入绘

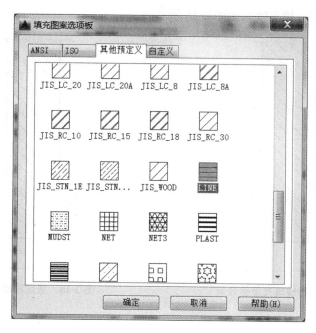

图 2-14 "填充图案选项板"对话框

图模型空间，拾取填充区域，在如图 2-15 所示虚线范围中单击鼠标右键，在弹出的快捷菜单中选择"确定"命令，返回如图 2-13 所示对话框。

4）在图 2-13 所示对话框中，在"角度和比例"选项区域里的"角度"文本框输入数值 45，用以表示填充线倾斜为 45°。单击"预览"按钮，得到图 2-16 所示的效果，这种斜线过于密集，导致效果并不理想，单击返回图 2-13 所示对话框进行修改。

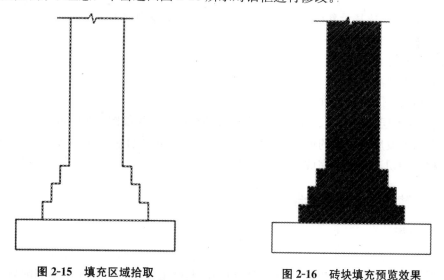

图 2-15　填充区域拾取　　　　　　　图 2-16　砖块填充预览效果

5）将"角度和比例"选项区域内的"比例"文本框数值改为 20，再次单击"预览"按钮，得到如图 2-17 所示的理想效果，单击鼠标右键确认，完成砖块图例填充制作。

6）重复图案填充步骤中的 1）～5），将"LINE"图案改为"AR－CONC"图案，用以填充基础垫层混凝土图例，填充效果如图 2-18 所示。

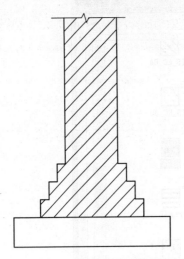

图 2-17　砖块填充最终效果

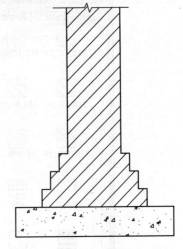

图 2-18　垫层混凝土效果

7)命令显示。

命令：_hatch↙

拾取内部点或[选择对象(S)/删除边界(B)]：正在选择所有对象…

正在选择所有可见对象…

正在分析所选数据…

正在分析内部孤岛…

拾取内部点或[选择对象(S)/删除边界(B)]：

命令：_hatch↙

拾取内部点或[选择对象(S)/删除边界(B)]：正在选择所有对象…

正在选择所有可见对象…

正在分析所选数据…

正在分析内部孤岛…

拾取内部点或[选择对象(S)/删除边界(B)]：

(4)在相应图层完成轴线、标注与标高符号的绘制。效果如图 2-6 所示。

因本步骤涉及后期所学的偏移、标注等命令。学生可将任务完成至步骤(3)保存即可。后期学完相关知识，可继续完成步骤(4)的绘图。

2.1.4　建筑装饰构件绘制

1. 图形分析

沙发及茶几平面效果图分别由一个长方形沙发、一个矩形茶几、一对正方形茶几和一对单人沙发组合而成。长方形沙发可以在制作矩形的基础上使用"圆角"命令添加圆角边，其次使用"偏移"命令向内偏移出造型，再用"等分"命令和"延伸"命令完成内部的等分、延伸制作即可。矩形茶几的制作也是运用"偏移"命令丰富造型轮廓。同时，玻璃的光泽效果可使用"复制"命令辅助完成。正方形茶几的做法可以借鉴矩形茶几，第二个正方形茶几可以在第一个正方形茶几完成之后使用"复制"或"镜像"命令完成。单个沙发在制作过程中，还将运用到"移动"和"修剪"命令，后期同样使用"镜像"命令完成复制。最终制作完成效果如图 2-19 所示。

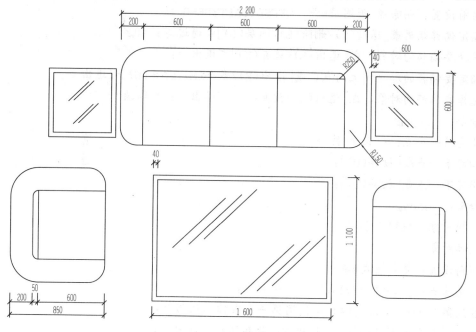

图 2-19　沙发及茶几平面效果图

2. 操作步骤

（1）矩形茶几制作。

1）单击"绘图"工具栏中的"矩形"按钮 ▢，单击"绘图窗口"中的任意一点，在命令栏输入@1 600，1 100，按 Enter 键确认，绘制出一个矩形。

2）单击"修改"工具栏中的"偏移"按钮 ⬒，输入 40，选择矩形后在矩形内部单击鼠标右键。其效果如图 2-20(a)所示。

3）单击"绘图"工具栏中的"直线"按钮 ╱ 或在命令栏输入快捷键 L，在矩形内任意位置绘制一条斜线，用以表示玻璃的反光效果。

4）单击"修改"工具栏中的"复制"按钮 ⚙ 或在命令栏中输入快捷键 CO，选择上一步绘制的斜线，按 Enter 键确认，选择基点移动到合适位置，左键单击一次即可复制一次。按 Enter 键结束命令，其效果如图 2-20(b)所示。

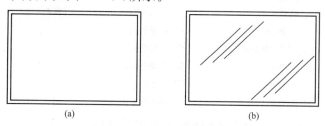

(a)　　　　　　　　　　　(b)

图 2-20　矩形茶几平面效果

5）命令显示。

命令：_rectang↙

指定第一个角点或[倒角(C)/标高(E)/圆角(F)/厚度(T)/宽度(W)]：

指定另一个角点或[面积(A)/尺寸(D)/旋转(R)]：@ 1 600，1 100↙

命令：_offset✓

当前设置：删除源=否图层=源　OFFSETGAPTYPE=0

指定偏移距离或[通过(T)/删除(E)/图层(L)]<通过>：40✓

选择要偏移的对象，或[退出(E)/放弃(U)]<退出>：

指定要偏移的那一侧上的点，或[退出(E)/多个(M)/放弃(U)]<退出>：

选择要偏移的对象，或[退出(E)/放弃(U)]<退出>：＊取消＊

命令：_line✓

指定第一个点：<正交 关>

指定下一点或[放弃(U)]：

指定下一点或[放弃(U)]：

命令：_copy✓

选择对象：找到1个

选择对象：

当前设置：复制模式=多个

指定基点或[位移(D)/模式(O)]<位移>：

指定第二个点或[阵列(A)]<使用第一个点作为位移>：

指定第二个点或[阵列(A)/退出(E)/放弃(U)]<退出>：

指定第二个点或[阵列(A)/退出(E)/放弃(U)]<退出>：

指定第二个点或[阵列(A)/退出(E)/放弃(U)]<退出>：

指定第二个点或[阵列(A)/退出(E)/放弃(U)]<退出>：

指定第二个点或[阵列(A)/退出(E)/放弃(U)]<退出>：

(2)长方形沙发制作。

1)右键单击状态栏上的"捕捉模式"按钮，单击"捕捉设置"按钮，在弹出的如图2-21所示的"草图设置"对话框中勾选后期作图需要捕捉的特征点。

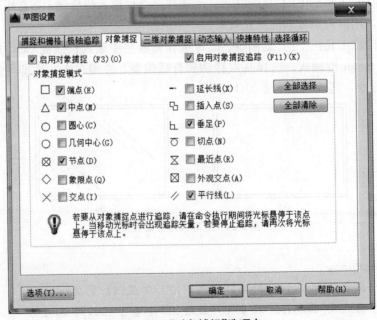

图2-21 "对象捕捉"选项卡

2)单击"绘图"工具栏中的"矩形"按钮▭，单击"绘图窗口"中的任意一点，在命令行中输入@2 200，850，按 Enter 键回车确认，绘制出一个矩形，如图 2-22(a)所示。

3)选择矩形，单击"修改"工具栏中的"分解"按钮▦或在命令栏输入快捷键 X 后按 Enter 键确认，将矩形分解成线段。

4)为沙发制作倒角，单击"修改"工具栏中的"圆角"按钮▱，在命令栏中输入 R 后按 Enter 键，输入圆角数值 250 按 Enter 键，点击沙发矩形的左边、上边线段，按 Enter 键确认后重复命令继续单击矩形的上边及右边线段，如图 2-22(b)所示。再次按 Enter 键重复命令，输入 R 后按 Enter 键，将圆角数值改为 150 后按 Enter 键，用同样的方法将左下角和右下角进行倒角绘制，如图 2-22(c)所示。

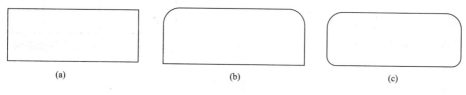

图 2-22　沙发倒角效果

5)单击"修改"工具栏中的"偏移"按钮▦或在命令栏输入快捷键 O，输入 200，选择最左端的直线，向矩形内部单击后再接着选择最右端的直线向矩形内部单击，偏移出如图 2-23(a)所示的两根直线。用"偏移"命令继续依次单击矩形上端的两根弧和直线，偏移出如图 2-23(b)的效果。

6)单击"修改"工具栏中的"延伸"按钮─／或在命令栏输入快捷键 EX，单击矩形最下端的直线，按 Enter 键确认后，分别单击矩形内部偏移的两个垂直型，延伸效果如图 2-24所示。

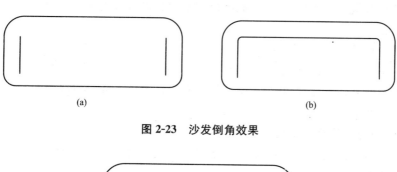

图 2-23　沙发倒角效果

图 2-24　沙发扶手延伸

7)单击"绘图"工具栏中的"直线"按钮╱，绘制出如图 2-25(a)所示的直线，并在命令行输入线段等分命令快捷键 DIV，按 Enter 键后输入等分数目 3，按 Enter 键确认。再次单击"绘图"工具栏中的"直线"按钮╱，依次在捕捉节点后，单击并向下连接到最下端线段的垂足点上，其效果如图 2-25(b)所示。

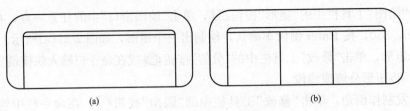

(a)   (b)

图 2-25　沙发座位等分

8)参考长方形沙发绘制步骤 6),使用"延伸"命令,将沙发座椅绘制完毕,其效果如图 2-26 所示。

9)命令显示。

命令:_rectang

指定第一个角点或[倒角(C)/标高(E)/圆角(F)/厚度(T)/宽度(W)]:

指定另一个角点或[面积(A)/尺寸(D)/旋转(R)]:@ 2 200,850

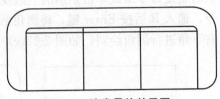

图 2-26　沙发最终效果图

命令:X

EXPLODE 找到 1 个

命令:_fillet

当前设置:模式=修剪,半径=150.000 0

选择第一个对象或[放弃(U)/多段线(P)/半径(R)/修剪(T)/多个(M)]:r

指定圆角半径<150.000 0>:250

选择第一个对象或[放弃(U)/多段线(P)/半径(R)/修剪(T)/多个(M)]:

选择第二个对象,或按住 Shift 键选择对象以应用角点或[半径(R)]:

命令:FILLET

当前设置:模式=修剪,半径=250.000 0

选择第一个对象或[放弃(U)/多段线(P)/半径(R)/修剪(T)/多个(M)]:

选择第二个对象,或按住 Shift 键选择对象以应用角点或[半径(R)]:

命令:FILLET

当前设置:模式=修剪,半径=250.000 0

选择第一个对象或[放弃(U)/多段线(P)/半径(R)/修剪(T)/多个(M)]:r

指定圆角半径<250.000 0>:150

选择第一个对象或[放弃(U)/多段线(P)/半径(R)/修剪(T)/多个(M)]:

选择第二个对象,或按住 Shift 键选择对象以应用角点或[半径(R)]:

命令:FILLET

当前设置:模式=修剪,半径=150.000 0

选择第一个对象或[放弃(U)/多段线(P)/半径(R)/修剪(T)/多个(M)]:

选择第二个对象,或按住 Shift 键选择对象以应用角点或[半径(R)]:

命令:_offset

当前设置:删除源=否图层=源　OFFSETGAPTYPE=0

指定偏移距离或[通过(T)/删除(E)/图层(L)]<通过>:200

选择要偏移的对象，或[退出(E)/放弃(U)]<退出>：

指定要偏移的那一侧上的点，或[退出(E)/多个(M)/放弃(U)]<退出>：

选择要偏移的对象，或[退出(E)/放弃(U)]<退出>：

指定要偏移的那一侧上的点，或[退出(E)/多个(M)/放弃(U)]<退出>：

选择要偏移的对象，或[退出(E)/放弃(U)]<退出>：

指定要偏移的那一侧上的点，或[退出(E)/多个(M)/放弃(U)]<退出>：

选择要偏移的对象，或[退出(E)/放弃(U)]<退出>：

指定要偏移的那一侧上的点，或[退出(E)/多个(M)/放弃(U)]<退出>：

选择要偏移的对象，或[退出(E)/放弃(U)]<退出>：

指定要偏移的那一侧上的点，或[退出(E)/多个(M)/放弃(U)]<退出>：

选择要偏移的对象，或[退出(E)/放弃(U)]<退出>：＊取消＊

命令：_extend↙

当前设置：投影=UCS，边=无

选择边界的边…

选择对象或<全部选择>：找到 1 个

选择对象：

选择要延伸的对象，或按住 Shift 键选择要修剪的对象，或

[栏选(F)/窗交(C)/投影(P)/边(E)/放弃(U)]：

选择要延伸的对象，或按住 Shift 键选择要修剪的对象，或

[栏选(F)/窗交(C)/投影(P)/边(E)/放弃(U)]：

选择要延伸的对象，或按住 Shift 键选择要修剪的对象，或

[栏选(F)/窗交(C)/投影(P)/边(E)/放弃(U)]：＊取消＊

命令：_line↙

指定第一个点：

指定下一点或[放弃(U)]：

命令：DIV↙

DIVIDE

选择要定数等分的对象：

输入线段数目或[块(B)]：3↙

命令：_line↙

指定第一个点：

指定下一点或[放弃(U)]：

指定下一点或[放弃(U)]：

命令：_line↙

指定第一个点：

指定下一点或[放弃(U)]：

指定下一点或[放弃(U)]：

命令：_extend↙

当前设置：投影=UCS，边=无

选择边界的边…

选择对象或＜全部选择＞：找到 1 个

选择对象：

选择要延伸的对象，或按住 Shift 键选择要修剪的对象，或

［栏选(F)/窗交(C)/投影(P)/边(E)/放弃(U)］：

选择要延伸的对象，或按住 Shift 键选择要修剪的对象，或

［栏选(F)/窗交(C)/投影(P)/边(E)/放弃(U)］：

选择要延伸的对象，或按住 Shift 键选择要修剪的对象，或

［栏选(F)/窗交(C)/投影(P)/边(E)/放弃(U)］：＊取消＊

（3）正方形茶几制作。

1）单击"绘图"工具栏中的"矩形"按钮 □，单击绘图窗口中的任意一点，在命令栏中输入@600，600，按 Enter 键确认，绘制出一个正方形。

2）单击"修改"工具栏中的"偏移"按钮 ◰，输入 40，选择正方形后在其内部单击。

3）单击"绘图"工具栏中的"直线"按钮 ✐ 或在命令栏中输入快捷键 L，在矩形内任意位置绘制一条斜线，用以表示玻璃的反光效果。

4）单击"修改"工具栏中的"复制"按钮 ⊞，选择上一步绘制的斜线，按 Enter 键确认，选择基点移动到合适位置，左键单击一次即可复制一次，按 Enter 键结束命令。

5）框选正方形茶几，按住右键的同时拖动正方形茶几，移动到合适位置后按下快捷键 C 后即可快速复制出一个新的正方形茶几（如果需要大批量复制，可在右键按下拖动的同时将之前按下的 C 键改为 P 键，将图形创建为块模式，后期如需再次使用，可按下"插入块"命令的快捷键 I 插入即可）。

6）命令显示。上述前四步具体做法可借鉴矩形茶几制作步骤，在此不再重复演示。

（4）单人沙发制作。

1）单人沙发是在长方形沙发制作的基础上修改而成。框选长方形沙发，按住右键的同时拖动长方形沙发，移动到合适位置后按下快捷键 C 进行移动复制。

2）单击"修改"工具栏中的"移动"按钮 ✥，选择图 2-27(a)中的虚线部分，单击 B 点将其设为移动基点，移动 B 点到 A 点后单击，按 Enter 键确认，其效果如图 2-27(b)所示。

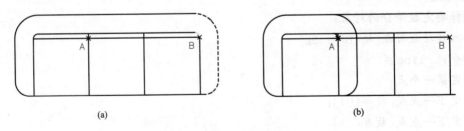

图 2-27　单人沙发移动命令

3）单击"修改"工具栏中的"修剪"按钮 ⊶ 后右键单击，默认全部修剪，对不需要的多余线段进行选择，自动修剪（独立的单根线条无法进行修剪，可用 Delete 键删除）。完成效果如图 2-28 所示。

4）单击"修改"工具栏中的"旋转"按钮 ⟳ 后框选单人沙发，单击鼠标右键，打开正交模式，选择任意处作为移动基点后拖动鼠标，将沙发更改为垂直放置。

5)框选沙发，按住右键将其放置在矩形茶几左侧。

6)框选沙发，单击"修改"工具栏中的"镜像"按钮 ，选择矩形茶几任一横向线段上的中点为镜像第一点，垂直移动鼠标，在任一位置单击鼠标右键后选择不删除源对象，按 Enter 键确认。

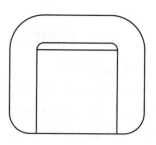

图 2-28　单人沙发修剪效果

7)命令显示。

命令：指定对角点或[栏选(F)/圈围(WP)/圈交(CP)]：

命令：_move✓

找到 4 个

指定基点或[位移(D)]＜位移＞：

指定第二个点或＜使用第一个点作为位移＞：

命令：_trim✓

当前设置：投影=UCS，边=无

选择剪切边…

选择对象或＜全部选择＞：

选择要修剪的对象，或按住 Shift 键选择要延伸的对象，或

[栏选(F)/窗交(C)/投影(P)/边(E)/删除(R)/放弃(U)]：

…

命令：_rotate✓

UCS 当前的正角方向：ANGDIR=逆时针　ANGBASE=0

找到 15 个

指定基点：

指定旋转角度，或[复制(C)/参照(R)]＜0＞：

命令：指定对角点或[栏选(F)/圈围(WP)/圈交(CP)]：

命令：_mirror✓

找到 15 个

指定镜像线的第一点：

指定镜像线的第二点：

要删除源对象吗？[是(Y)/否(N)]＜否＞：✓

任务 2.2　图例表格绘制

一套完整的建筑平面图如果从头到尾只用图形和尺寸标注来表示是很难完整表达的。文字工具作为工程图中不可或缺的一部分，在注释、标题、尺寸标注、材料说明等很多地方都起到表达设计思想的重要作用。

表格注释对建筑图纸的信息传达也起到了重要作用。AutoCAD 早期版本通常都是使用手工画线的方法绘制表格，这样不仅效率低而且文字的书写位置也很难精确控制。在新的版本中，我们可以通过表格创建工具的学习让操作更加便捷。

2.2.1 表格绘制

1. 图形分析

在制作如图 2-29 所示的客厅、餐厅半包预算表格前，应先设置好表格样式，控制表格单元的填充颜色、内容对齐方式，以及表格文字的文字样式、高度、颜色和表格边框的线型、线宽、颜色等，然后再基于表格样式创建和修改表格，部分需要合并的位置选择合并，针对需要计算公式的地方最后再插入公式进行计算。

客厅、餐厅半包预算					
序号	项目名称	主料费	人工费	辅料费	耗损费	小计
1	顶面基层处理	334	366	154	194	1048
2	墙面基层处理	868	950	399	502	2719
3	顶面乳胶漆	189	319	0	53	561
4	墙面乳胶漆	490	828	0	137	1455
5	地砖	0	1093	687	163	1943
6	过门石	0	106	36	25	167
小计：						7893

图 2-29 客厅、餐厅半包预算表

2. 操作步骤

（1）创建和修改表格样式。

1）选择"格式"/"表格样式"选项，打开"表格样式"对话框，单击 新建(N)... 按钮，打开"创建新的表格样式"对话框，如图 2-30 所示。

2）在"新样式名"编辑框中输入新表格样式的名称，如"客厅、餐厅半包预算"，采用系统默认的"Standard"样式并单击 继续 按钮，打开"新建表格样式：客厅、餐厅半包预算"对话框，并在"表格方向"下拉列表中选择"向下"选项，如图 2-31 所示。

图 2-30 "创建新的表格样式"对话框

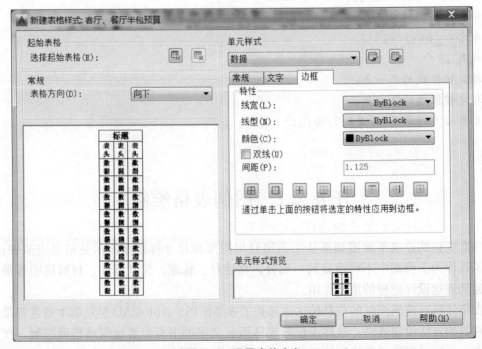

图 2-31 设置表格方向

3)在"单元样式"下方的下拉列表中选择"数据"选项，然后单击"常规"选项卡，接着在"对齐"下拉列表中选择"正中"选项，如图 2-32 所示。

图 2-32　表格内容的对齐方式

4)选择"文字"选项卡，然后单击"文字样式"列表框的 按钮，在打开的"文字样式"对话框中将"Standard"样式的字体设置为"仿宋"，宽度因子设置为"0.7"，依次点击"应用"和"关闭"按钮返回"新建表格样式：客厅、餐厅半包预算"对话框，接着在"文字高度"编辑框中输入"5"，如图 2-33 所示。再次单击"单元样式"下方的下拉列表，将"数据"更改为"标题"选项，"常规"和"文字"参照"数据"选项进行设置。"表头"选项下的和"常规""文字"参考"数据"进行设置。之后，依次单击"确定"按钮和"关闭"按钮，完成表格样式创建。

图 2-33　"单元样式"对话框

（2）绘制、编辑表格。

1)单击"绘图"工具栏中的"表格"按钮 ，打开"插入表格"对话框。

2)在"列和行设置"区域中设置表格列数为"7"，因后期列宽需要调整暂定为"25"，数据行数为"7"；在"设置单元样式"设置区单击"第一行单元样式""第二行单元样式"和"所有其他单元样式"的下拉列表，依次选择"标题""表头"和"数据"选项，如图 2-34 所示。

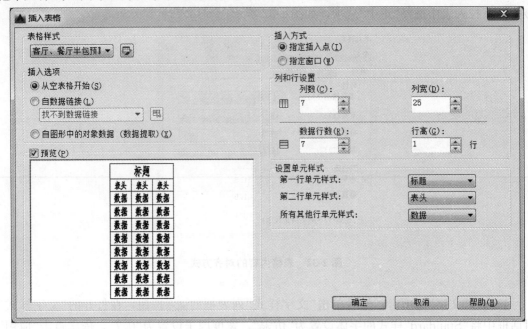

图 2-34　表格内容的字体和大小

3) 单击 [确定] 按钮，然后在绘图区的合适位置单击放置表格。此时，系统进入表格文字编辑状态(如果表格显示过小，可以先按"Esc"键退出表格编辑，然后按快捷键 Z 后再按空格键，再按快捷键 E 后按空格键调整显示范围)，如图 2-35 所示。

图 2-35　表格样式

4) 在当前表格单元输入所需内容后，可通过按"Tab"键或使用"↑""↓""←""→"方向键移动光标，然后在其他表格单元中输入相应文字，其效果如图 2-36 所示。

客厅、餐厅半包预算						
序号	项目名称	主料费	人工费	辅料费	耗损费	小计
1	顶面基层处理	334	366	154	194	
2	墙面基层处理	868	950	399	502	
3	顶面乳胶漆	189	319	0	53	
4	墙面乳胶漆	490	828	0	137	
5	地砖	0	1093	687	163	
6	过门石	0	106	36	25	
	合计：					

图 2-36　输入表格内容

5)由于对任一表格单击一次是对表格进行编辑，单击两次是对表格文字进行编辑，所以文字输入完成后，需按两次"Esc"键或在表格外的空白处单击，退出表格的编辑状态。

（3）表格中公式的使用。

1)"顶面基层处理"价格小计。在"顶面基层处理"最后一列的"小计"栏里单击鼠标左键，如图 2-37 所示，此时系统将自动显示"表格单元"选项卡。单击该选项卡的"插入公式"按钮，在打开的下拉列表中选择"求和"选项，如图 2-38 所示。

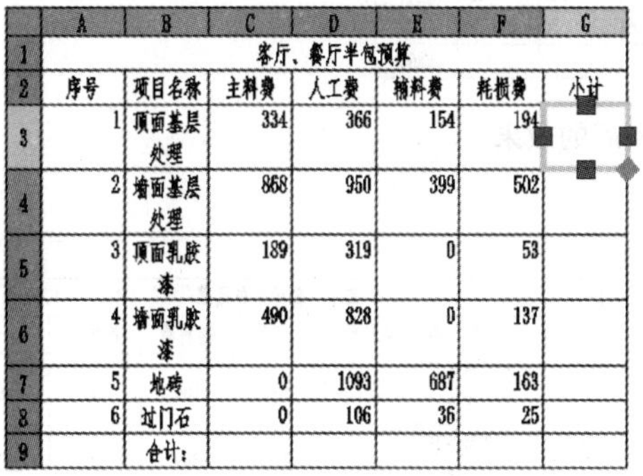

图 2-37　单击需要求和的表格单元　　　　图 2-38　选择"求和"命令

2)根据命令行提示选取。选取求和运算的表格单元，这里我们可以从 C3 的数据 334 表格栏按住鼠标左键，一直框选到 F3 的数据 194 结束，如图 2-39(a)所示，一次性选取这两个表格单元之间的所有表格单元。此时，出现如图 2-39(b)所示的计算公式，按"Enter"键或在绘图区任意空白处单击，即可完成求和运算。

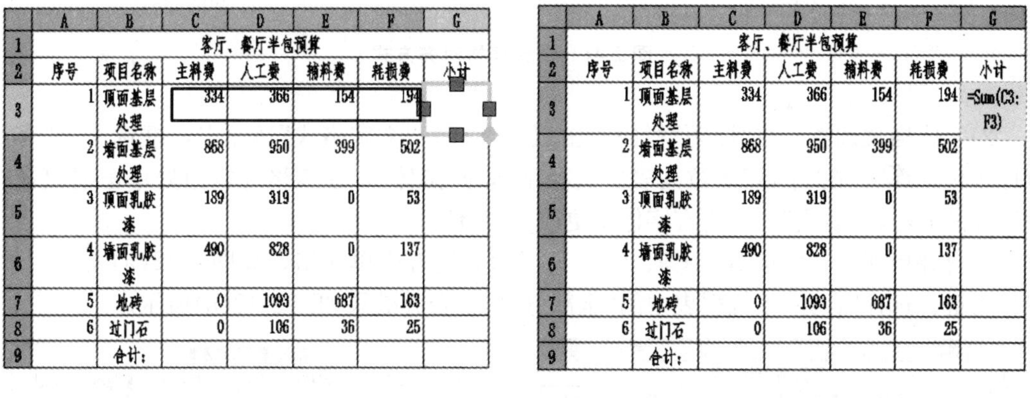

(a)　　　　　　　　　　　　　(b)

图 2-39　求和计算

3)用同样的方法分别对"墙面基层处理""顶面乳胶漆""墙面乳胶漆""地砖"和"过门石"列的价格小计进行求和计算。最后，单击 G9 表格栏，框选所有的求和价格进行总价格求和计算，最终效果如图 2-40 所示。

（4）表格调整。

1)文字对齐调整。为了使所有文字位于其各自所在表格单元的正中间，可按住鼠标左键从上到下将数据栏全部框选起来，如图 2-41(a)所示，单击鼠标右键，找到"对齐"命令下拉列表中的"正中"命令选项进行单击，得到如图 2-41(b)所示的效果。单击表格外任意空白处，退出表格编辑状态。

客厅、餐厅半包预算						
序号	项目名称	主料费	人工费	辅料费	耗损费	小计
1	顶面基层处理	334	366	154	194	1048
2	墙面基层处理	868	950	399	502	2719
3	顶面乳胶漆	189	319	0	53	561
4	墙面乳胶漆	490	828	0	137	1455
5	地砖	0	1093	687	163	1943
6	过门石	0	106	36	25	167
	合计:					7893

图 2-40　求和后的效果

	A	B	C	D	E	F	G
1	客厅、餐厅半包预算						
2	序号	项目名称	主料费	人工费	辅料费	耗损费	小计
3	1	顶面基层处理	334	366	154	194	1048
4	2	墙面基层处理	868	950	399	502	2719
5	3	顶面乳胶漆	189	319	0	53	561
6	4	墙面乳胶漆	490	828	0	137	1455
7	5	地砖	0	1093	687	163	1943
8	6	过门石	0	106	36	25	167
9		合计:					7893

(a)

客厅、餐厅半包预算						
序号	项目名称	主料费	人工费	辅料费	耗损费	小计
1	顶面基层处理	334	366	154	194	1048
2	墙面基层处理	868	950	399	502	2719
3	顶面乳胶漆	189	319	0	53	561
4	墙面乳胶漆	490	828	0	137	1455
5	地砖	0	1093	687	163	1943
6	过门石	0	106	36	25	167
	合计:					7893

(b)

图 2-41　调整表格对齐方式

2)字体格式调整。在“标题”栏内双击鼠标，打开“文字格式”选项卡，框选文字“客厅、餐厅半包预算”，在“字体”下拉列表中选择字体为“黑体”，在表格外空白处单击退出命令。用同样的方法将“表头”栏的所有字体也更改为“黑体”。

3)合并单元格。框选 B9、C9、D9、E9 和 F9 这五个单元格，如图 2-42(a)所示。单击鼠标右键，选择“合并”下拉列表中的“全部”选项，合并效果如图 2-42(b)所示。

	A	B	C	D	E	F	G
1	客厅、餐厅半包预算						
2	序号	项目名称	主料费	人工费	辅料费	耗损费	小计
3	1	顶面基层处理	334	366	154	194	1048
4	2	墙面基层处理	868	950	399	502	2719
5	3	顶面乳胶漆	189	319	0	53	561
6	4	墙面乳胶漆	490	828	0	137	1455
7	5	地砖	0	1093	687	163	1943
8	6	过门石	0	106	36	25	167
9		合计:					7893

(a)

客厅、餐厅半包预算						
序号	项目名称	主料费	人工费	辅料费	耗损费	小计
1	顶面基层处理	334	366	154	194	1048
2	墙面基层处理	868	950	399	502	2719
3	顶面乳胶漆	189	319	0	53	561
4	墙面乳胶漆	490	828	0	137	1455
5	地砖	0	1093	687	163	1943
6	过门石	0	106	36	25	167
	合计:					7893

(b)

图 2-42　合并表格中的单元格

4）添加单元格背景颜色。框选"序号"单元格下的所有纵列，如图 2-43（a）所示，单击鼠标右键后选择"背景填充"命令，在弹出的"选择颜色"对话框中，选择"索引颜色：9"（灰色），单击"确定"按钮，表格背景效果如图 2-43（b）所示。用同样的方法将"小计"单元格下的所有纵列颜色也填充为灰色。

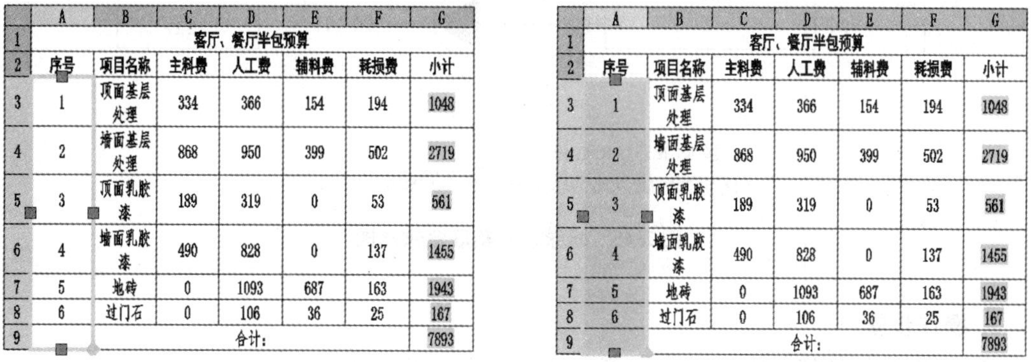

图 2-43　背景颜色填充

5）表格行间距调整。单击任一表格线或利用窗交方式选择整个表格区域。当表格被选中后，表格线将显示为虚线，并出现了一组夹点，如图 2-44 所示。通过拖动不同夹点可调整表格的位置、行高与列宽。可参照各夹点功能调整表格。调整完的效果如图 2-29 所示。

单击中间的方形夹点并左右拖动，可调节夹点两侧列的宽度；若按住"Ctrl"键左右拖动，则可沿拖动方向仅调整该夹点一侧列的宽度。

单击此夹点并拖动可移动表格

单击此夹点并左右拖动可调整表格首列宽度

单击此夹点并上下拖动可统一调整表格各行宽度

单击此夹点并左右拖动，可统一调整各列的宽度

单击此夹点并左右拖动，可调整表格末端宽度

单击此夹点并拖动，可统一调整表格各列宽度（左右拖动）或各行高度（上下拖动）

单击此夹点并拖动可控制表格的高度

图 2-44　各夹点使用功能

2.2.2　文字输入及编辑

1. 图形分析

图 2-45 所示为水泵、水箱联合供水图。由图 2-45 可知，图形上的"溢水""排污""热水箱"等字体都比较简短，可以使用"单行文字"加以注释。

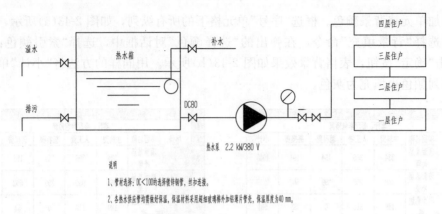

说明

1、管材选择：DC<100的选择镀锌钢管，丝扣连接。

2、各热水供应管均需做好保温，保温材料采用超细玻璃棉外加铝薄片管壳，保温厚度为40 mm。

图 2-45　水泵、水箱联合供水图

2. 操作步骤

(1)打开本书配套素材中的"第二章"＞"任务 2.2.2"文件。

(2)文字样式设置。

1)选择"格式"/"文字样式"选项，打开"文字样式"对话框。

2)在"文字样式"对话框的"字体名"下拉列表中选择"仿宋"，在"高度"编辑框中输入文字高度值为"160"，在"宽度因子"编辑框中输入"0.7"，如图 2-46 所示，依次单击对话框中的 应用(A) 和 关闭(C) 按钮，完成文字样式的设置。

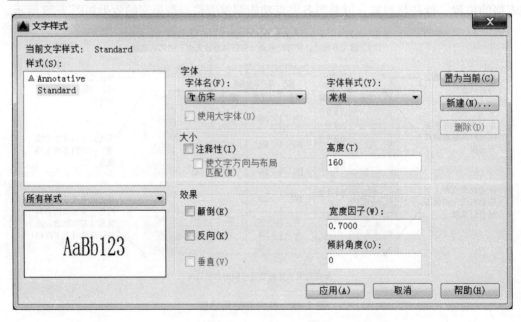

图 2-46　文字样式设置

(3)单行文字输入。

1)单击"绘图"/"文字"/"单行文字"，或在命令行输入快捷键 DT，接着在需要注写文字的位置处单击，以指定单行文字的起点，如可在图 2-47(a)所示的①处单击。

2)在命令行"指定文字的旋转角度＜0＞:"提示下按 Enter 键，采用默认的旋转角度 0，然后在出现的文本框中输入"溢水"，接着在图 2-47(a)所示的②～⑧处依次单击并输入相应文字，最后按两次 Enter 键结束命令，其结果如图 2-47(b)所示。

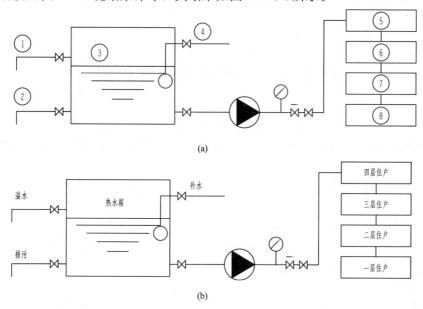

图 2-47　单行文字设置

（4）多行文字输入。

1)选择"绘图"/"文字"/"多行文字"选项，或在命令行输入快捷键 MT，接着在需要注写文字的位置依次点击亮点，以指定文本框的两个对角点位置，在出现的文本框中输入文字"热水泵 2.2 kW/380 V"，如图 2-48 所示。

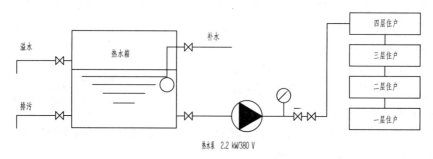

图 2-48　多行文字输入内容

2)双击多行文字，选择文本框中的"2.2 kW/380 V"，在"文字格式"面板的"字体"列表框中单击，然后在下拉列表中选择"gbeitc.shx"；在展开的面板"宽度因子"编辑框中输入"1"，如图 2-49 所示，按"确定"按钮退出文字的编辑状态。

图 2-49　修改所选文字的字体和字宽

3)按 Enter 键重复"多行文字"命令,采用同样的方法注写"DC80"和图下方的说明性文字,每输完一行文字内容后按 Enter 键换行,其结果如图 2-45 所示。

任务 2.3　楼梯平面图绘制

通过楼梯绘制的线型、线宽、尺寸标注等相关建筑制图知识的学习,在上机实践操作时结合运用理论知识,达到巩固已有知识的同时学习新的知识和拓展知识面的目的。

2.3.1　平面图绘制

1. 图形分析

为了方便后期的制图需要,在绘制楼梯平面图(图 2-50)之前,应先设置好对应图层,定位轴线最先绘制,然后绘制墙体和窗户,用多线编辑工具修改好墙体后再绘制门、楼梯、扶手等细节部分,运用多段线绘制好楼梯走向指示线后,将层高、方向性的文字和数字补充完整;其次,进行尺寸的标注,标注时先标注细部尺寸;最后,标注总体尺寸。

2. 操作步骤

(1)设置图层。选择"图层特性管理器"选项,根据需要创建图 2-51 所示的图层并设置相应图层的颜色和线型。

(2)绘制轴线。按快捷键 F8 打开正交模式,单击"图层控制"按钮,在下拉图层选项中选择"轴线"图层,将其置为当前图层。

2)根据图中的标高尺寸,执行直线绘制和偏移命令,绘出纵向轴线 A、B,再根据水平方向的尺寸,绘出 1、2、3、4 轴线,其效果如图 2-52 所示。

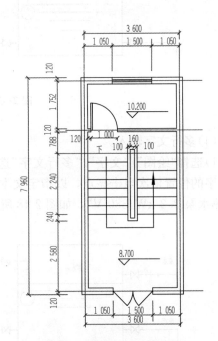

图 2-50　楼梯平面图及尺寸

(3)墙体绘制。

1)将图层选择为墙体后,选择"格式"/"多线样式"选项,系统弹出"多项样式"对话框,如图 2-53 所示,单击"新建"按钮,在弹出的"创建新的多线样式"对话框中,为新建样式取名为"墙体",如图 2-54 所示,单击"继续"按钮。

2)在弹出"新建多线样式"对话框后,按图 2-55 所示进行参数设置后单击"确定"按钮,回到图 2-53 所示对话框后,单击"确定"按钮。

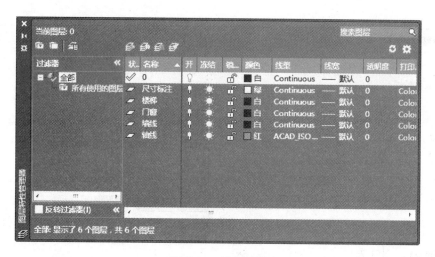

图 2-51　创建图层

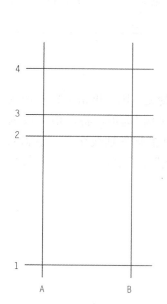

图 2-52　轴线辅助线

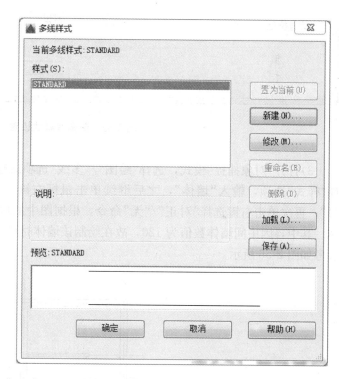

图 2-53　多线样式

图 2-54　新多线样式名称

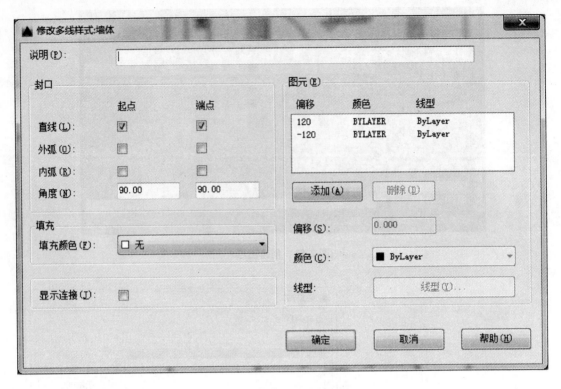

图 2-55　新多线样式设置

3)打开"对象捕捉"模式,选择"绘图"/"多线"选项或输入快捷键 ML,单击鼠标右键选择"样式"选项,输入"墙体",之后继续单击鼠标右键,选择"比例"选项,将数值更改为"1",再次单击右键选择"对正"/"无"命令,根据图中的墙体尺寸捕捉各轴线交点,绘制墙体。其中,因中间墙体数值为120,故在绘制该墙体时可将"比例"数值设置为0.5,其效果参考如图 2-56 所示。

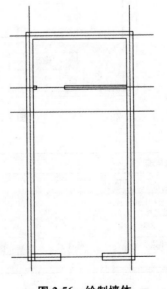

图 2-56　绘制墙体

4)选择"修改"/"对象"/"多线"选项，打开"多线编辑工具"对话框，如图 2-57 所示，单击"角点结合"按钮，选择 A、1 相交的多线进行修剪，重复命令选择"T 形合并"，依次分别选择 3、A 及 3、B 多线进行修剪。其修剪效果如图 2-58 所示。

(4)绘制门窗及楼梯扶手。利用之前所学门窗时用到的方法，结合图 2-50 中的尺寸完成本次任务中的配件制作。其效果如图 2-59 所示。

图 2-57　多线编辑工具

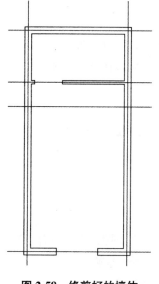

图 2-58　修剪好的墙体

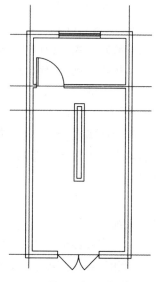

图 2-59　绘制门窗及扶手

(5)绘制楼梯踏步。

1)单击"修改"工具栏中的"矩形阵列"按钮 ![] 或选择"修改"/"阵列"/"矩形阵列"选项，在命令行提示下单击鼠标右键选择"列数"输入"2"，确认后输入"1 860"，再次确认后单击鼠标右键选择"行数"输入"8"，确认后输入总行距"-2 240"，如图2-60(a)所示。

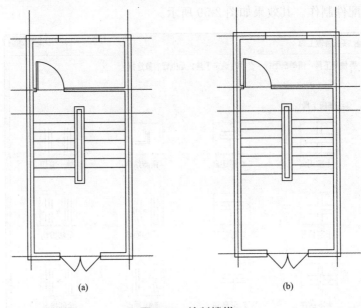

(a) (b)

图2-60 绘制楼梯

2)选择阵列好的楼梯后选择"修改"面板上的"分解"命令，将楼梯分解，然后删除在轴线上的两根线，如图2-60(b)所示，至此楼梯制作完毕。

3)命令显示。

选择夹点以编辑阵列或[关联(AS)/基点(B)/计数(COU)/间距(S)/列数(COL)/行数(R)/层数(L)/退出(X)]<退出>：COL✓

输入列数数或[表达式(E)]<4>：2✓

指定列数之间的距离或[总计(T)/表达式(E)]<2250>：1860✓

选择夹点以编辑阵列或[关联(AS)/基点(B)/计数(COU)/间距(S)/列数(COL)/行数(R)/层数(L)/退出(X)]<退出>：R✓

输入行数数或[表达式(E)]<3>：8✓

指定行数之间的距离或[总计(T)/表达式(E)]<1>：T✓

输入起点和端点行数之间的总距离<7>：-2240✓

(6)绘制楼梯上下示意箭头。

1)点击"绘图"工具栏中的"多段线"按钮 ![] 或输入多段线快捷键"PL"，指定起点后，根据提示绘制箭头细线。

2)生成箭头。当多段线命令再次出现"指定下一点或[圆弧(A)/闭合(C)/半宽(H)/长度(L)/放弃(U)/宽度(W)]："提示后，输入"W"，按Enter键确认。

当提示出现"指定起点宽度<0.000 0>："提示后，输入"120"。

当提示出现"指定端点宽度<120.000 0>："提示后，输入"0"。在适当位置单击后生成箭头，如图 2-61(a)所示。结合"文字输入"任务中所学技能完成标高部分的制作，其效果如图 2-61(b)所示。

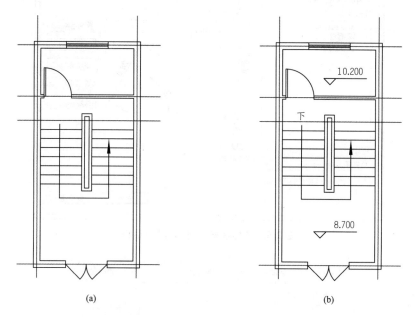

图 2-61　绘制示意箭头及文字

2.3.2　平面图尺寸标注

1. 图形分析

完成图 2-50 中楼梯尺寸的标注任务，需涉及四个要素的样式设置，即标注文字、尺寸线、尺寸起止符号和尺寸界线，如图 2-62 所示。

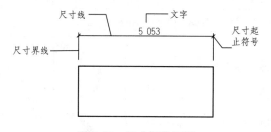

图 2-62　尺寸标注要素

2. 操作步骤

(1)标注样式设定。

1)选择"格式"/"标注样式"选项，系统弹出"标注样式管理器"对话框，如图 2-63 所示。单击"新建"按钮，系统弹出"创建新标注样式"对话框。在"新样式名"中输入"楼梯尺寸"，建立新的标注样式，如图 2-64 所示。

2)设定好名称后单击"继续"按钮，系统弹出"新建标注样式：楼梯尺寸"对话框。在"符号和箭头"选项卡中，将其中的"箭头"选择为"建筑标记"，"箭头大小"设置为"1.5"。其效果如图 2-65 所示。

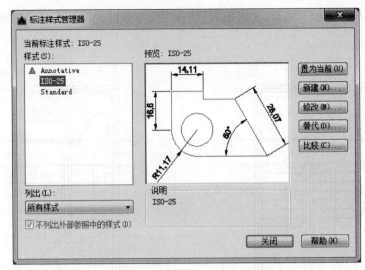

图 2-63　"标注样式管理器"对话框

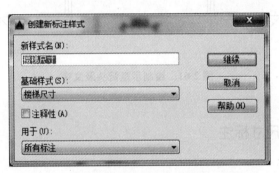

图 2-64　创建新标注样式

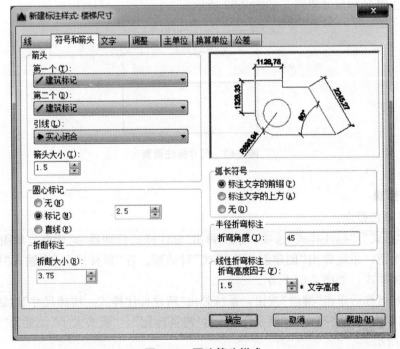

图 2-65　更改箭头样式

3)在"调整"选项卡中按下列选择更改设置，其效果如图 2-66 所示。

图 2-66　更改全局比例

4)在"主单位"选项卡中，将"精度"数值设置为"0"，其效果如图 2-67 所示，单击"确定"按钮完成设置。

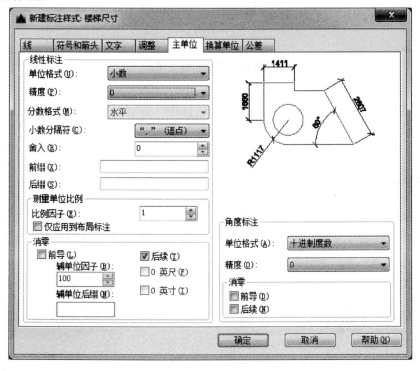

图 2-67　创建新标注样式

(2)标注尺寸。

1)选择"菜单"/"标注"/"线性"选项，在命令栏出现"指定第一个尺寸界线原点或<选择对象>:"后，捕捉左墙最左下角的端点作为第一条延伸线原点，单击鼠标左键确定。

2)选中第一个原点后出现"指定第二条尺寸界线原点:"的提示，捕捉左墙左下角的中轴线作为第二条延伸线原点，单击左键确定。

3)选中两条延伸线原点后，出现"指定尺寸线位置或[多行文字(M)/文字(T)/角度(A)/水平(H)/垂直(V)/旋转(R)]:"的提示。根据所需移动鼠标到适当的尺寸线位置，单击鼠标左键确定。

4)选择"菜单"/"标注"/"连续"选项，依次单击需要标注的左墙定位点。其效果如图 2-68所示，个别尺寸数字位置可根据需要适当调整。

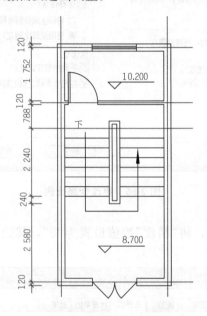

图 2-68　创建新标注样式

5)运用连续标注的方法，依次完成各尺寸的标注。

项目小结

本项目通过绘制门、窗户、基础、表格、水泵水箱联合供水及楼梯尺寸标注这几个常见任务，使学生掌握了绘图工具及编辑工具。同时，也掌握了对文字、标注、线形等的样式更改。利用捕捉、极轴等辅助命令的设置，大大提高了工作效率。

项目实训

1. 绘制楼梯剖面图(图 2-69)。

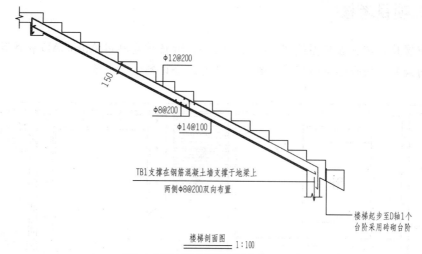

φ12@200

150

φ8@200

φ14@100

TB1支撑在钢筋混凝土墙支撑于地梁上
两侧φ8@200双向布置

楼梯起步至D轴1个
台阶采用砖砌台阶

楼梯剖面图   1:100

说明：1.楼梯所有现浇构件混凝土强度为C25。
　　　2.楼梯转折平台板厚为100，钢筋φ8@200双层双向布置。

图 2-69　楼梯剖面图绘制

2. 绘制别墅立面图（图 2-70）。

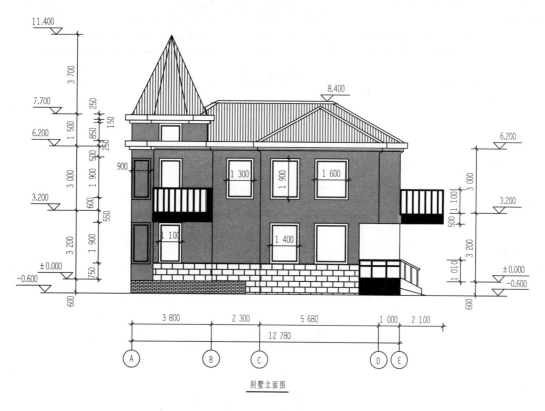

别墅立面图

图 2-70　别墅立面图

通过布置建筑装饰施工图绘图任务(图 2-71),考核学生利用 AutoCAD 软件独立完成建筑装饰图的绘制,根据学生绘制的完整性和耗时综合评判学生成绩。

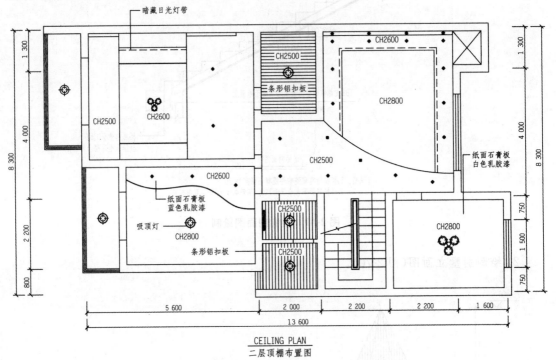

CEILING PLAN
二层顶棚布置图

图 2-71　顶棚装饰布置图

项目3 建筑施工图绘制

任务 3.1 建筑平面图绘制

建筑平面图简称平面图,是用一假想水平剖切平面将房屋沿窗台以上适当部位剖切开来,对剖切平面以下部分所作的水平投影图。它反映出房屋的平面形状、大小和房间的布置,墙(或柱)的位置、厚度、材料,门窗的位置、大小、开启方向等情况,作为施工时放线、砌墙、安装门窗、室内外装修及编制预算等的重要依据。

3.1.1 平面图绘制内容及要求

当建筑物各层的房间布置不同时,应分别画出各层平面图;若建筑物的各层布置相同,则可以用两个或三个平面图表达,即只画底层平面图和楼层平面图(或顶层平面图)。此时,楼层平面图代表了中间各层相同的平面,故称标准层平面图。

因建筑平面图是水平剖面图,故在绘制时应按剖面图的方法绘制,被剖切到的墙、柱轮廓用粗实线(b)表示,门的开启方向线可用中粗实线($0.5b$)或细实线($0.25b$)表示,窗的轮廓线以及其他可见轮廓和尺寸线等用细实线($0.25b$)表示。

1. 底层平面图的图示内容

(1)表示建筑物的墙、柱位置并对其轴线编号。

(2)表示建筑物的门、窗位置及编号。

(3)注明各房间名称及室内外楼地面标高。

(4)表示楼梯的位置及楼梯上下行方向及级数、楼梯平台标高。

(5)表示阳台、雨篷、台阶、雨水管、散水、明沟、花池等的位置及尺寸。

(6)表示室内设备(如卫生器具、水池等)的形状、位置。

(7)画出剖面图的剖切符号及编号。

(8)标注墙厚、墙段、门、窗、房屋开间、进深等各项尺寸。

(9)标注详图索引符号。

2. 标准层平面图的图示内容

(1)表示建筑物的门、窗位置及编号。

(2)注明各房间名称、各项尺寸及楼地面标高。

(3)表示建筑物的墙、柱位置并对其轴线编号。

(4)表示楼梯的位置及楼梯上下行方向、级数及平台标高。

(5)表示阳台、雨篷、雨水管的位置及尺寸。

(6)表示室内设备(如卫生器具、水池等)的形状、位置。

(7)标注详图索引符号。

3. 屋顶平面图的图示内容

屋顶檐口、檐沟、屋顶坡度、分水线与落水口的水平投影,以及出屋顶水箱间、上人孔、消防梯及其他构筑物、索引符号等。

另外,当某些建筑平面布置由于比例较小或者内部结构比较复杂时,可以另外画出较大比例的局部平面详图,如卫生间平面详图、楼梯间平面详图、墙身节点平面详图等。

3.1.2 绘制平面图

1. 绘制步骤

(1)创建图层。创建平面图中所需要的图层,并设置线型及颜色。

(2)绘制定位轴线。合理布置图面,绘制纵、横双向定位轴线。

(3)标注定位轴线编号及尺寸。先设置合理标注样式,再标注定位轴线尺寸,并按照制图规范要求绘制轴线编号。

(4)绘制平面图。先沿定位轴线绘制外墙,再绘制内墙及柱子,并在相应墙体上留出门洞和窗洞,最后绘制门窗。

(5)局部细节绘制。根据平面图布置要求,绘制卫生间洁具、室内家具、厨房厨具等。

(6)标注文字。设置合理的文字样式,标注各房间名称、图名、比例等文字。

(7)标注标高。按照制图规范要求,标注平面图中对应位置标高。

2. 绘制实例

通过绘制图 3-1 所示的住宅楼一层平面图,来学习绘制建筑平面图的方法和步骤。

(1)启动 AutoCAD 软件,关闭状态栏中的 格栅 开关,打开 极轴 、 对象捕捉 、 对象追踪 和 DYN 开关,并将极轴增量角设置为 45,根据绘图需要创建各类图线对应图层(表 3-1)。

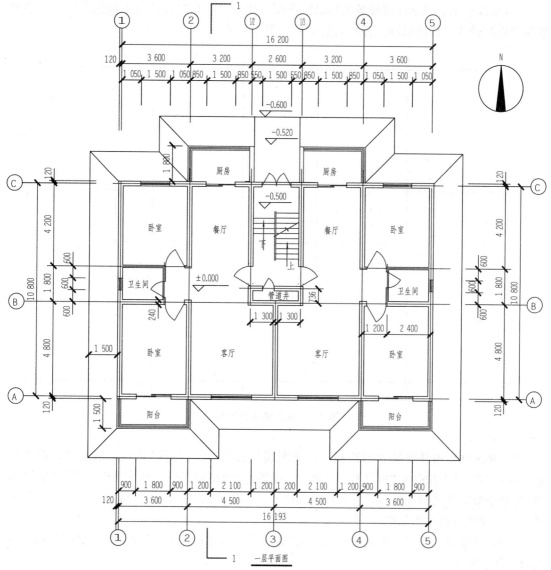

图 3-1　住宅楼一层平面图

表 3-1　图层设置

图层名称	颜色	线型	线宽
轴线	红色	Center	默认
辅助线	蓝色	Dash	默认
墙线	白色	Continuous	0.6
散水	白色	Continuous	默认
门窗	青色	Continuous	默认
阳台	洋红	Continuous	默认
楼梯	黄色	Continuous	默认
尺寸标注	绿色	Continuous	默认
文字	白色	Continuous	默认

(2)轴线绘制。当前图层设置为"轴线"图层,用"直线"和"复制"命令按照实际尺寸绘制建筑平面图轴线,构成轴网。操作后的图形如图 3-2 所示。

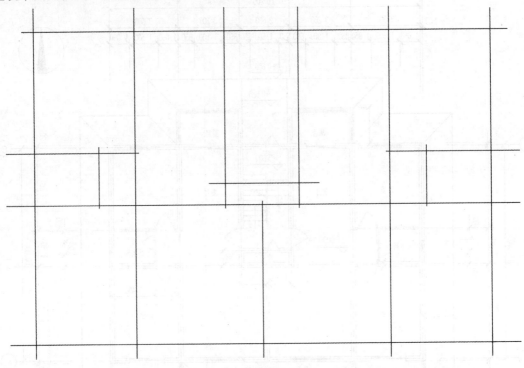

图 3-2　建筑轴线的绘制

(3)建筑轴线编号及尺寸的绘制。当前图层设置为"尺寸标注"图层,依据建筑制图规范,执行"格式"下拉菜单"标注样式"命令,设置尺寸标注样式。利用"圆""单行文字""复制"等命令绘制建筑轴线编号,并利用"标准"下拉菜单中的"快速标注"或"线型"命令标注轴线尺寸。操作后的图形如图 3-3 所示。

(4)建筑墙线的绘制。当前图层设置为"墙线"图层,执行"多线"命令绘制墙线,命令参数设置如下所示。

命令:mline↙
当前设置:对正=上,比例=1.00,样式=STANDARD
指定起点或[对正(J)/比例(S)/样式(ST)]:S↙
输入多线比例<1.00>:240↙
当前设置:对正=上,比例=240.00,样式=STANDARD
指定起点或[对正(J)/比例(S)/样式(ST)]:J↙
输入对正类型[上(T)/无(Z)/下(B)]<上>:Z↙
当前设置:对正=无,比例=240.00,样式=STANDARD
指定起点或[对正(J)/比例(S)/样式(ST)]:　　　　　　　　　　　　　(用鼠标点取)
指定下一点:　　　　　　　　　　　　　　　　　　　　　　　　　　(用鼠标点取)
…

操作后的图形如图 3-4 所示。

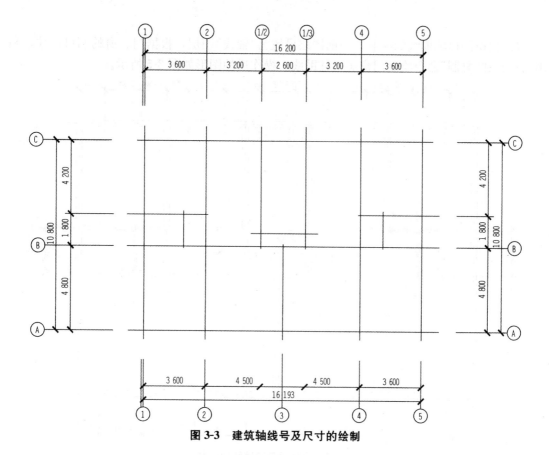

图 3-3　建筑轴线号及尺寸的绘制

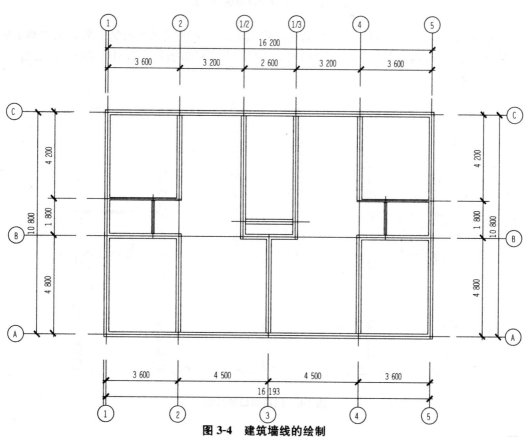

图 3-4　建筑墙线的绘制

（5）门窗洞口辅助线的绘制。当前图层设置为"轴线"图层，根据门、窗的洞口尺寸，利用"直线"和"复制"命令绘制门窗洞口辅助线。操作后的图形如图3-5所示。

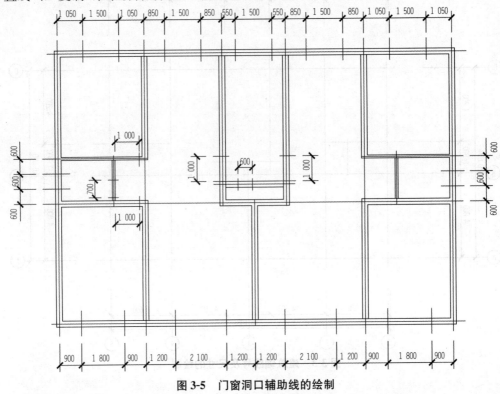

图3-5　门窗洞口辅助线的绘制

（6）门窗洞口的绘制。利用"修剪"命令，将门窗洞口辅助线作为修剪边界，依次修剪墙线，最后利用"特性匹配"命令，将洞口处的辅助线匹配为墙线。操作后的图形如图3-6所示。

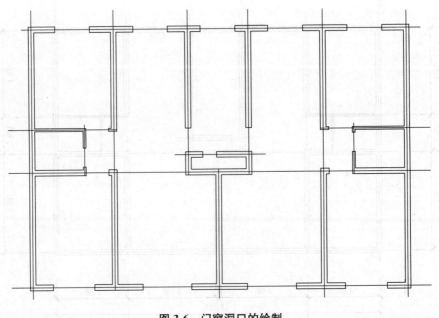

图3-6　门窗洞口的绘制

(7)门、窗的绘制。当前图层设置为"门窗"图层，利用"圆弧""直线""镜像"和"复制"命令，绘制平开门和推拉门，图 3-7(a)所示为双扇平开门，图 3-7(b)所示为单扇平开门，图 3-7(c)所示为推拉门；利用"直线"和"复制"命令，绘制如图 3-7(d)所示的窗户。将绘制好的门、窗"移动"到相应的洞口位置，操作后的图形如图 3-7(e)所示。

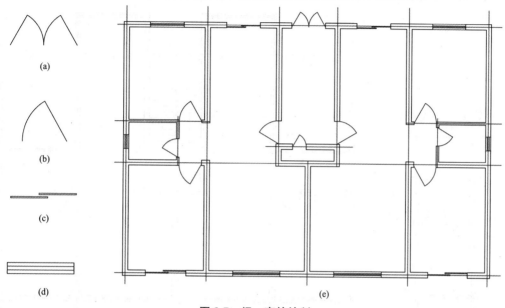

图 3-7 门、窗的绘制

(8)阳台的绘制。当前图层设置为"阳台"图层，利用"多线"命令绘制阳台外轮廓线，再利用"复制"或"偏移"命令添加阳台窗线，并将多余线段用"修剪"命令进行修剪。对称的图线可用"镜像"命令镜像完成，操作后的图形如图 3-8 所示。

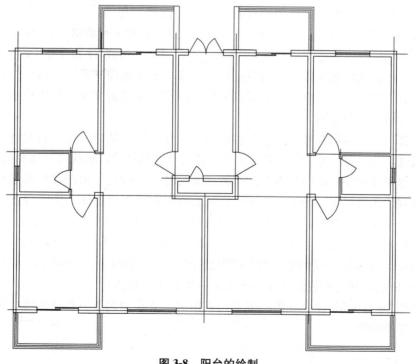

图 3-8 阳台的绘制

(9)楼梯平面的绘制。当前图层设置为"楼梯"图层，利用"直线""复制""偏移""阵列""修剪"等命令绘制楼梯踏步和扶手；利用"多段线""直线""复制"等命令绘制楼梯上、下指示箭头；利用"直线""修剪""旋转"等命令绘制楼梯折断线。操作后的楼梯平面详图和楼梯踏步宽度的尺寸标注方式如图3-9(a)所示，添加楼梯平面后的建筑平面图如图3-9(b)所示。

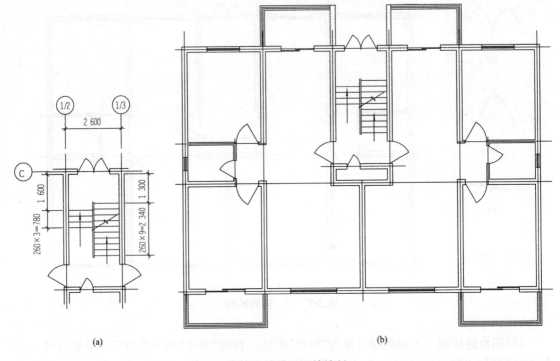

(a)　　　　　　　　　　　　　　　　　　　(b)

图 3-9　楼梯平面的绘制

(10)一层散水的绘制。当前图层设置为"散水"图层，利用"直线""修剪""倒直角""镜像"等命令绘制散水，散水距离外墙皮 1 500 mm。操作后的图形如图 3-10 所示。

(11)文字的绘制。当前图层设置为"文字"图层，执行"格式"下拉菜单"文字样式"命令，设置当前文字样式为仿宋字体，再用"单行文字"命令输入相应文字，字高根据制图规范和出图比例设置。相同字体字高的文字可以利用"复制"命令复制文字到相应位置，再修改文字内容。操作后的图形如图 3-11 所示。

(12)细部尺寸、剖切符号及指北针的绘制。尺寸标注一般应标注三道尺寸，第一道尺寸为细部尺寸，第二道尺寸为轴线尺寸，第三道尺寸为总尺寸，轴线尺寸和总尺寸在图 3-3 中已标注，这里要添加平面图中需要注明的细部尺寸。剖切符号由剖切位置线和投影方向线组成，并且均采用粗实线绘制。剖切位置线垂直指向被剖切物体，长度为 6～8 mm；剖切方向线垂直于剖切位置线，长度应短于剖切位置线，为 4～6 mm。绘图时，剖切符号不得与图面上的其他图线接触，并保持适当的间距，如图 3-12(a)所示。指北针符号圆圈直径一般为 25 mm，指北针下端的宽度约为圆圈直径的 1/8，如图 3-12(b)所示。室内标高符号如图 3-12(c)所示，标高的数值以 m 为单位，一般注至小数点后三位。

(13)利用"单行文字"命令在图的下方写入图名，并在图名下方绘制直线，最终完成住宅楼一层建筑平面图。

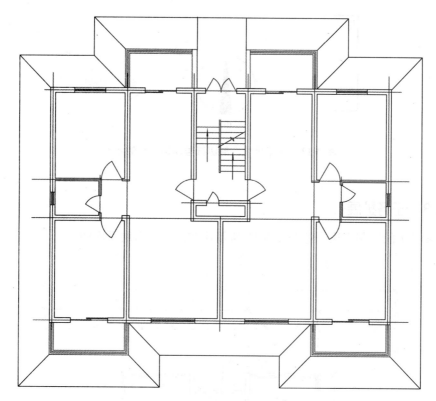

图 3-10　一层散水的绘制

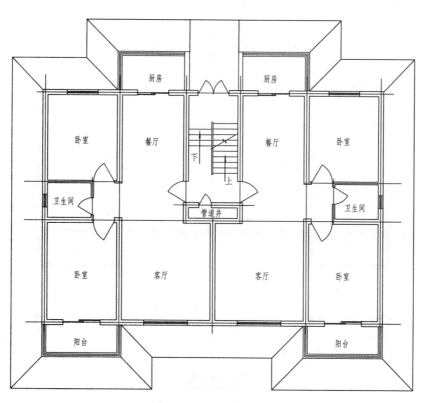

图 3-11　文字的绘制

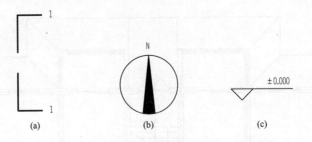

图 3-12 细部尺寸、剖切符号及指北针的绘制

3.1.3 任务扩展

参考图 3-1 的绘制方法，绘制图 3-13 所示住宅楼二～六层平面图。

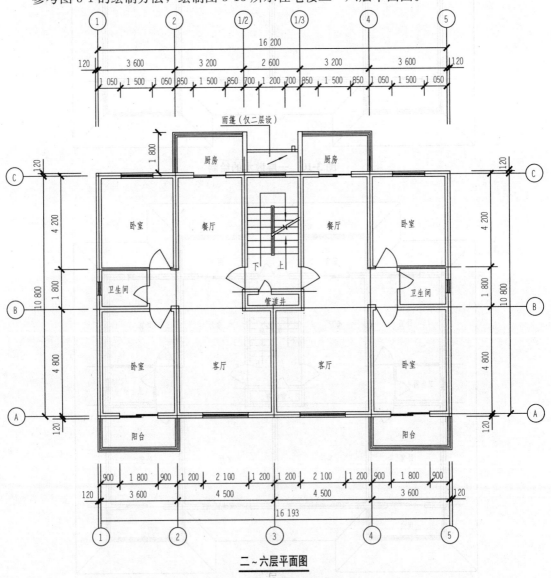

二～六层平面图

图 3-13 二～六层平面图

绘制任务及要求如下：

(1)依据建筑平面图绘制要求，按照创建图层→绘制定位轴线→标注定位轴线编号及尺寸→绘制平面图→局部细节绘制→标注文字→标注标高的顺序，绘制图 3-13 所示平面图。

(2)注意和一层平面图图示要求不同的投影线，如增加单元门入口处的雨篷投影；散水投影和指北针仅在一层平面图中表示；楼梯的平面投影与一层平面图的区别。

(3)根据图 3-1 和图 3-13，设计并绘制该建筑的屋面平面图。

任务 3.2 建筑立面图绘制

建筑立面图简称立面图，是在与房屋立面平行的投影面上所作的房屋正投影图。其主要反映房屋的长度、高度、层数等外貌和外墙装修构造，主要作用是确定门窗、檐口、雨篷、阳台等的形状和位置，在工程中指导房屋外部装修施工和有关预算工程量的计算。

3.2.1 立面图绘制内容及要求

为使建筑立面图主次分明、图面美观，通常将建筑物不同部位采用粗细不同的线型来表示。最外轮廓线用粗实线(b)表示，室外地坪线用加粗实线($1.4b$)表示，所有凸出部位，如阳台、雨篷、线脚、门窗洞等用中实线($0.5b$)表示，其余部分用细实线($0.35b$)表示。

1. 立面图的命名

(1)用房屋的朝向命名，如东立面图、西立面图、南立面图、北立面图等。

(2)根据主要出入口命名，如正立面图、背立面图、侧立面图。

(3)用立面图上首尾轴线命名，如①～⑤轴立面图和⑤～①立面图。

2. 立面图的绘制内容

(1)图示内容。室外地坪线及房屋的勒脚、台阶、花池、门窗、雨篷、阳台、室外楼梯、墙、柱、檐口、屋顶、雨水管等内容。

(2)尺寸标注。用标高标注出各主要部位的相对高度，如室外地坪、窗台、阳台、雨篷、女儿墙顶、屋顶水箱间及楼梯间屋顶等的标高。同时，用尺寸标注的方法标注立面图上的细部尺寸、层高及总高。

(3)建筑物两端的定位轴线及其编号。

(4)外墙面装修。有的用文字说明，有的用详图索引符号表示。

3.2.2 绘制立面图

1. 绘制步骤

(1)绘制立面图的定位轴线、室外地坪线、外立面轮廓线。

(2)绘制立面图的各层楼面线和屋檐线。

(3)绘制各种建筑构配件的可见轮廓，如门窗洞、楼梯间、墙身及其暴露在外墙外的柱子。

(4)绘制雨篷、门窗、雨水管、台阶、墙面装饰等建筑物细部构造线。

(5)绘制尺寸界线、标高数字、索引符号和相关注释文字。

(6)标注尺寸。标注建筑立面需要标注的尺寸。

(7)标注标高、墙面装修说明文字、图名和比例等说明文字。

2. 绘制实例

通过绘制如图 3-14 所示的住宅楼北立面图，来学习绘制建筑立面图的方法和步骤。

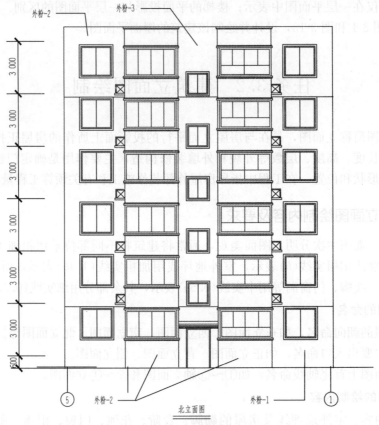

图 3-14 北立面图

(1)立面图轴线及辅助线的绘制。利用建筑平面图中对应轴线号，按照⑤→①顺序"复制""旋转"轴线，并根据室内外高差和层高利用"直线"和"复制"命令添加立面门、窗、外阳台、雨篷等定位辅助线。操作后的图形如图 3-15 所示。

(2)外立面轮廓线及阳台的绘制。利用"多段线"和"直线"命令绘制外立面及阳台轮廓线，再用"直线"命令绘制阳台窗线，最后用"复制"或"阵列"命令将相同尺寸的阳台立面图连续复制或矩形阵列。操作后的图形如图 3-16 所示。

(3)外立面门窗的绘制。利用"多段线""直线""移动""复制"等命令绘制，卧室北立面外窗尺寸如图 3-17(a)所示，楼梯间北立面外窗尺寸如图 3-17(b)所示，一层单元门尺寸如图 3-17(c)所示。操作后的图形如图 3-17(d)所示。

(4)标注标高、墙面装修说明文字、图名和比例等说明文字。操作后的图形如图 3-14 所示。

3.2.3 任务扩展

参考图 3-14 所示北立面图的绘制方法，绘制如图 3-18 所示南立面图和如图 3-19 所示东、西立面图。

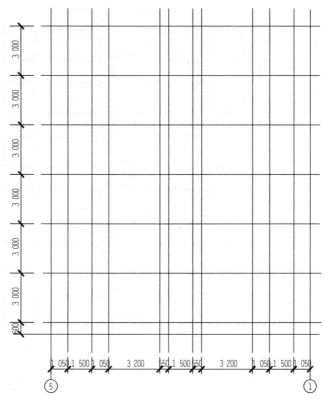

图 3-15　立面图轴线及辅助线的绘制

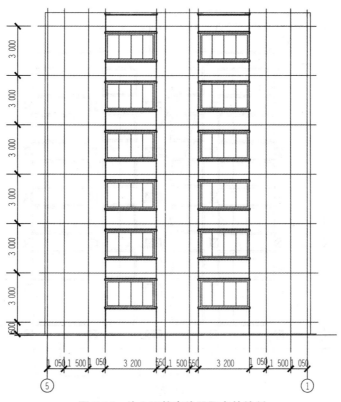

图 3-16　外立面轮廓线及阳台的绘制

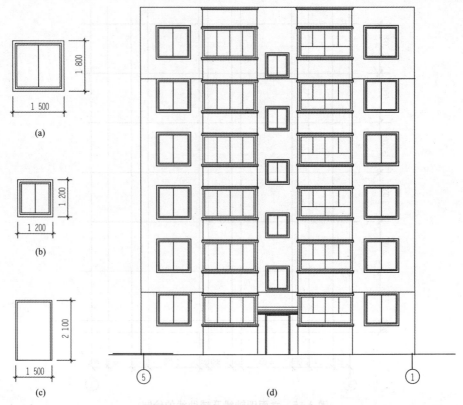

图 3-17 外立面门窗的绘制

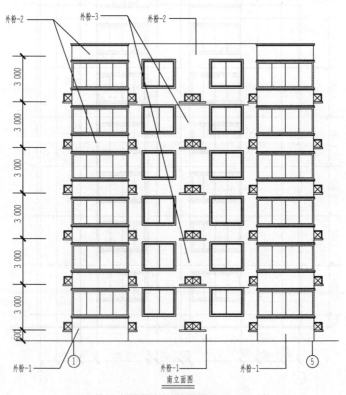

图 3-18 南立面图

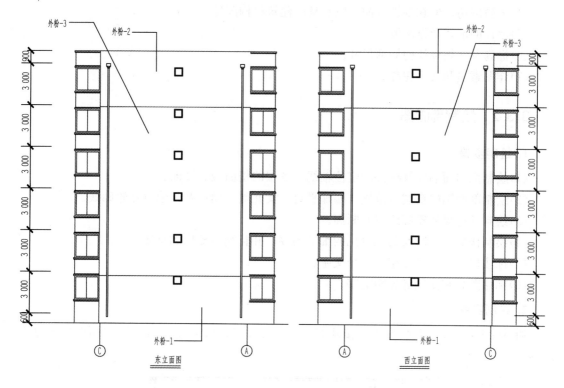

图 3-19　东、西立面图

任务 3.3　建筑剖面图绘制

建筑剖面图简称剖面图，是假想用一铅垂剖切面将房屋剖切开后移去靠近观察者的部分，作出剩下部分的投影图。剖面图用以表示房屋内部的结构或构造方式，如屋面（楼地面）形式、分层情况、材料、做法、高度尺寸及各部位的联系等。它与平、立面图互相配合用于计算工程量，指导各层楼板和屋面施工、门窗安装和内部装修施工等。

3.3.1　剖面图绘制内容及要求

1. 剖面图的要求

（1）剖面图的数量是根据房屋的复杂情况和施工实际需要决定的。

（2）剖切面的位置，要选择在房屋内部构造比较复杂，有代表性的部位，如门窗洞口和楼梯间等位置，并应通过门窗洞口。

（3）剖面图的图名符号应与底层平面图上剖切符号相对应。

2. 剖面图的绘制内容

（1）被剖切到的基础、墙体、柱子的定位轴线。

（2）剖切到的屋面、楼面、墙体、梁等的轮廓及材料做法。

（3）建筑物内部分层情况以及竖向、水平方向的分隔。

(4)未被剖切，但在剖视方向可以看到的建筑物构配件。

(5)屋顶的形式及排水坡度。

(6)标高及必须标注的局部尺寸。

(7)详图索引和文字注释。

3.3.2 绘制剖面图

1. 绘制步骤

(1)绘制剖切面墙体及构件的定位轴线、各层的楼面线、楼面。

(2)绘制剖面图门窗洞口位置、楼梯平台、女儿墙、檐口及其他可见轮廓线。

(3)绘制各种梁的轮廓线以及断面。

(4)绘制楼梯、台阶及其他可见的细节构件，并且绘出楼梯的材质。

(5)标注尺寸、标高和相关注释文字。

(6)标注图名和比例等说明文字。

2. 绘制实例

通过绘制图 3-20 所示的住宅楼建筑 1—1 剖面图，来学习绘制建筑剖面图的方法和步骤。

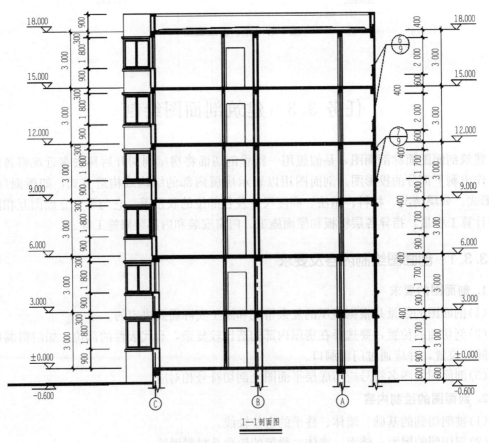

图 3-20　建筑 1—1 剖面图

(1)根据剖面图绘图需要创建图层(表 3-2)。

表 3-2　图层设置

图层名称	颜色	线型	线宽
楼板	白色	Continuous	默认
梁	白色	Continuous	默认

(2)剖面图轴线及辅助线的绘制。当前图层设置为"轴线"图层，利用建筑平面图中对应轴线号，按照 C→B→A 顺序"复制""旋转"轴线，得到剖面图竖向轴网。再将当前图层设置为"辅助线"图层，根据内墙、室内外高差和层高位置利用"直线"和"复制"命令绘制辅助线。操作后的图形如图 3-21 所示。

(3)剖面图墙线及楼板的绘制。当前图层设置为"墙线"图层，执行"多线"命令绘制轴线 C、B、A 对应的 240 mm 厚墙线，命令参数设置参照图 3-4 所示墙线绘制方法，轴线居中的 120 mm 厚墙体画法同 240 mm 厚墙线。当前图层设置为"楼板"图层，执行"多线"命令绘制楼板，命令参数设置如下所示。

命令：mline↙
当前设置：对正=无，比例=240.00，样式=STANDARD
指定起点或[对正(J)/比例(S)/样式(ST)]：S↙
输入多线比例<240.00>：130↙
当前设置：对正=无，比例=130.00，样式=STANDARD
指定起点或[对正(J)/比例(S)/样式(ST)]：J↙
输入对正类型[上(T)/无(Z)/下(B)]<无>：T↙
当前设置：对正=上，比例=130.00，样式=STANDARD
指定起点或[对正(J)/比例(S)/样式(ST)]：　　　　　　　　　　　　(用鼠标点取)
指定下一点：　　　　　　　　　　　　　　　　　　　　　　　　(用鼠标点取)
……

Ⓐ轴外侧阳台墙体画法同样执行"多线"命令绘制，将比例改为"120"，"对正(J)"参数改为"下(B)"。操作后的图形如图 3-22 所示。

(4)剖面图门、窗、梁断面洞口的绘制。当前图层设置为"辅助线"图层，根据门、窗、梁断面洞口高度利用"直线""复制"命令绘制如图 3-23(a)所示辅助线。利用"直线""修剪"等命令绘制门、窗、梁断面洞口线段，再利用"填充"命令填充楼板为实芯。操作后的图形如图 3-23(b)所示。

(5)剖面图细部构造的绘制。将当前图层分别设置到相应图形线所在图层，利用"直线""矩形""复制""修剪""填充"等命令按照图 3-24(b)所示尺寸绘制门、窗和墙体的细部构造，最终完成如图 3-24(a)所示的图形。

(6)标注尺寸、标高和相关注释文字。完成效果如图 3-20 所示。

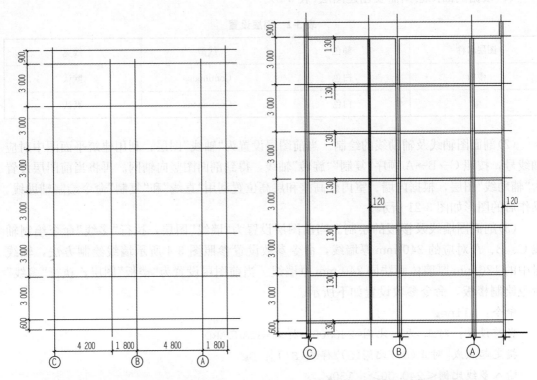

图 3-21　剖面图轴线及辅助线的绘制　　　　图 3-22　剖面图墙线及楼板的绘制

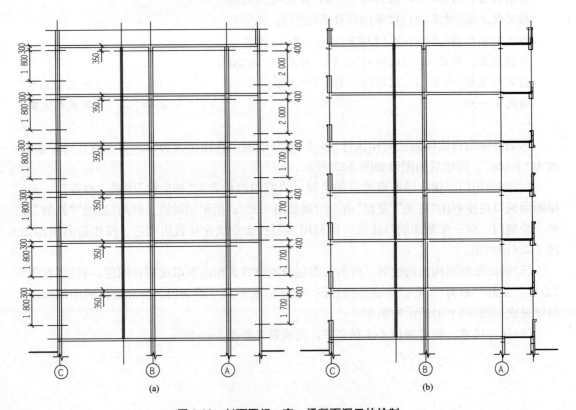

图 3-23　剖面图门、窗、梁断面洞口的绘制

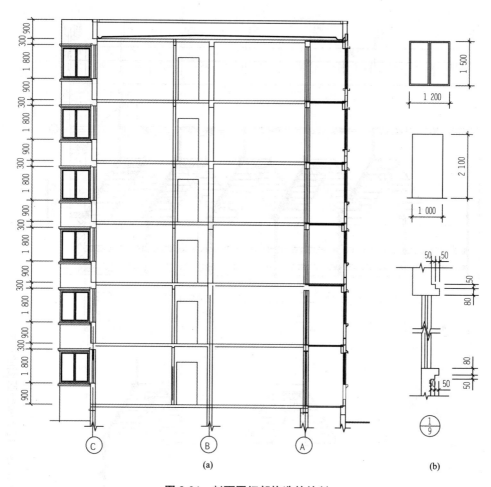

图 3-24　剖面图细部构造的绘制

3.3.3　任务扩展

参考图 3-20 所示的绘制方法，绘制图 3-25 所示的楼梯间剖面图。参照图 3-25(a)所示的楼梯间剖面图竖向尺寸和 3-25(b)所示的楼梯踏步绘制步骤，最终完成图 3-25(c)所示的楼梯间剖面图。

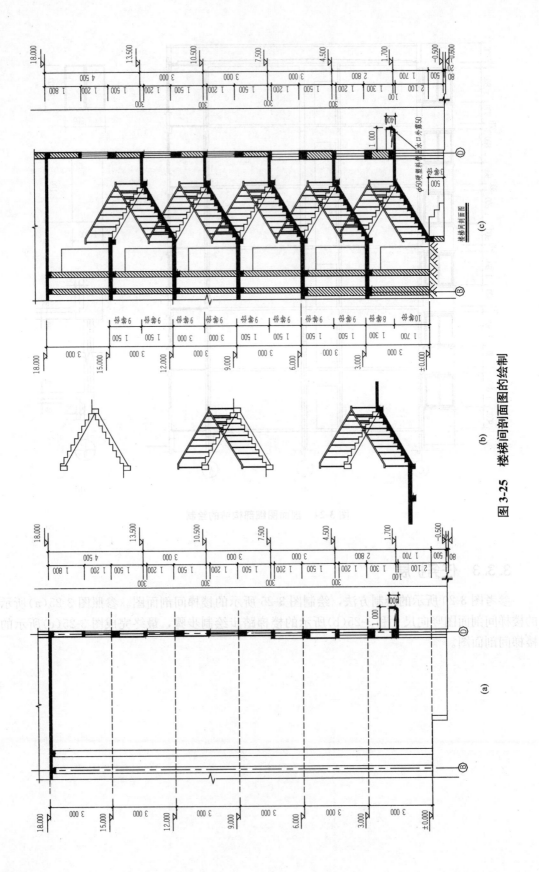

图 3-25 楼梯间剖面图图的绘制

📺 ➤ 项目小结

本项目通过绘制某住宅楼建筑平面图、立面图和剖面图的实例，在各项任务实施中讲解了利用 AutoCAD 软件绘制的要求和具体步骤。在每一项任务最后学生再通过任务扩展的练习，实现边学边练的目的。

一般按照平面图→立面图→剖面图→详图的顺序来绘制建筑施工图。建筑施工图的绘制过程按照如下顺序绘制：设置绘图环境、设置图层、绘制轴线、绘制轴线号和标注尺寸、绘制墙线、绘制门窗、细部绘制、标注文字和标高等。

📁 ➤ 项目实训

根据本项目所学绘制建筑平面图、立面图和剖面图的方法和步骤，绘制如图 3-26～图 3-30 所示某别墅建筑平、立、剖面图，并绘制如图 3-31 所示 A3 标准图框，最后将图形移动至相应图框内出图。

绘图参数设置如下：

(1)图层按照图线类型建立，除轴线用 Center 线型外，其余均用 Continuous 线型，线型全局比例因子设置为 800。

(2)墙宽均为 200 mm，未标注的门宽均为 900 mm，未标注的楼梯踏步宽度每阶为 300 mm，其他未注明尺寸自行设计。

(3)文字和尺寸标准参数按 1∶100 比例设置，出图比例按照 1∶100 出图。

图框绘制时，利用"矩形""直线""偏移""复制""单行文字""旋转""拉伸"等命令绘制标准出图比例为 1∶100 的 A3 图框，操作后的图形如图 3-31 所示。

最后，将图框设置为图块，输入相应图名和图号等标题栏信息，并在出图前将图框添加到各建筑图，打印出图。

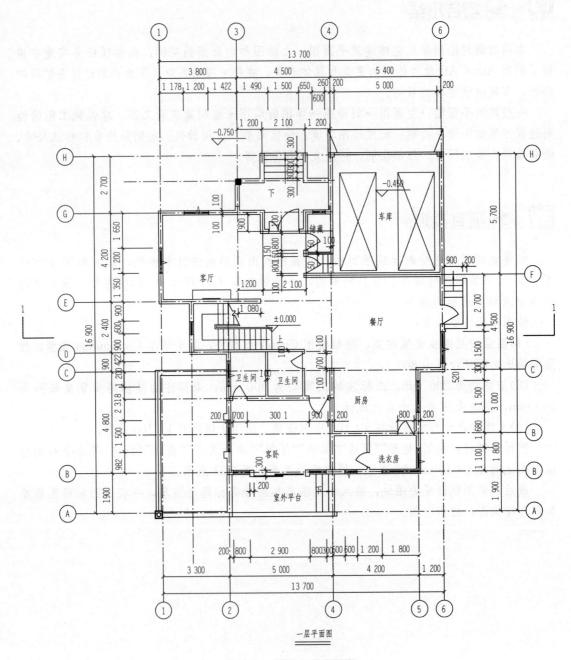

一层平面图

图 3-26 别墅一层平面图

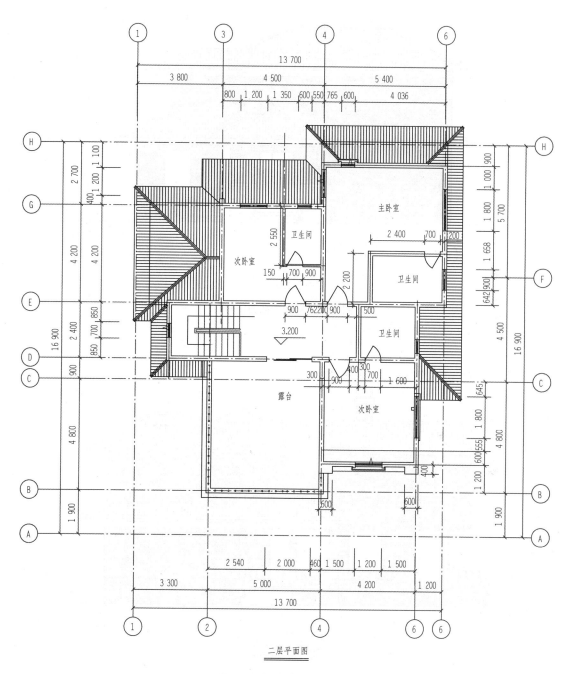

二层平面图

图 3-27 别墅二层平面图

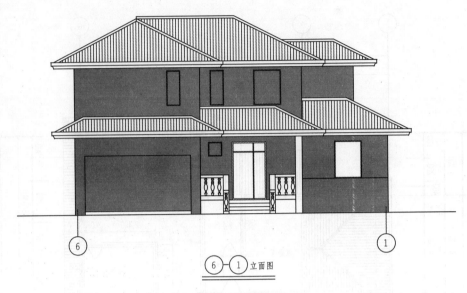

图 3-28　别墅立面图(一)

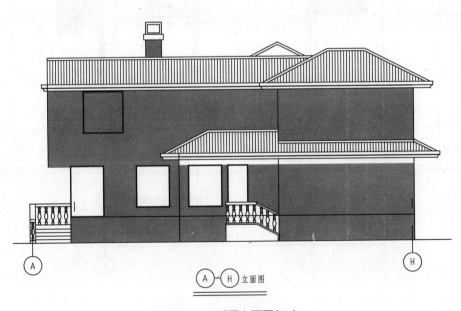

图 3-29　别墅立面图(二)

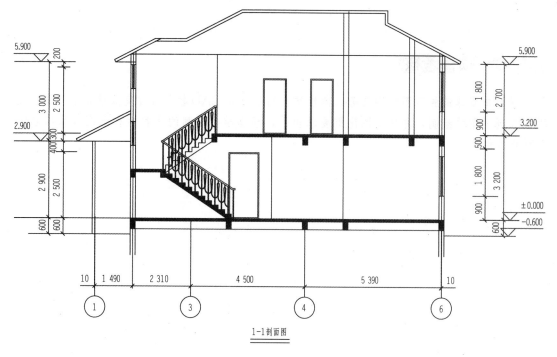

1-1剖面图

图3-30　别墅剖面图

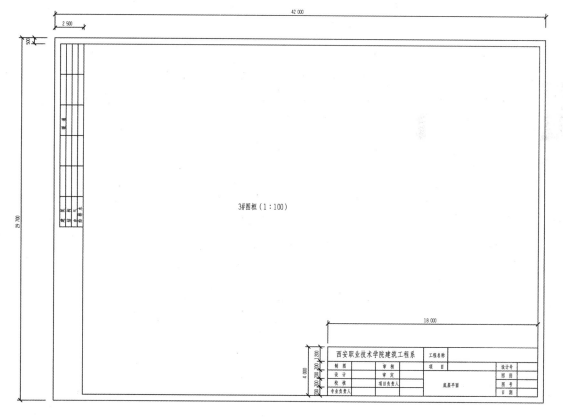

图3-31　A3图框

通过布置建筑施工图绘图任务，考核学生利用 AutoCAD 软件独立完成建筑平面图、立面图和剖面图的绘制，并按出图比例要求出图，根据学生绘制的完整性和出图效果综合评判学生的能力。

项目 4　结构施工图绘制

1. 学习基础平面图的图示内容及表达方法。
2. 学习楼板平面图的图示内容及表达方法。
3. 学习构件详图的绘制。

1. 能绘制基础平面图并标注基础形体的相关尺寸，会表达基础平面图。
2. 能绘制楼板结构平面图，会表达楼板开洞、板底钢筋、板面钢筋等元素。
3. 能绘制梁、柱配筋大样图，并标出相应的尺寸。

任务 4.1　基础平面图绘制

4.1.1　基础平面图的绘制内容及要求

1. 基础平面图的绘制内容

基础平面图是假设用一个水平剖切面沿着室内地面和基础之间切开，然后将基础部分向下投影，得到水平剖面图。基础平面图主要表达基础的平面尺寸，基础与轴线的定位关系，基础与墙、柱、梁等构件的位置关系。

2. 基础平面图的绘制步骤

(1)创建图层。根据图形的要求设置图层，在图层中明确相应的线型及颜色。例如，用红色点画线表示轴线图层，用青色直线表示基础图层等。

(2)绘制基础平面图的轴网，绘制基础平面图上的墙体、柱子、基础、沉降观测点、地沟等图样，绘制轴线编号。

(3)绘制基础构件的剖面详图，并标注剖面的材料图例、细部尺寸。

(4)根据需要打印输出图纸。

4.1.2　绘制基础平面图

通过绘制图 4-1 所示的基础平面图，来学习如何利用 AutoCAD 绘制基础平面图。

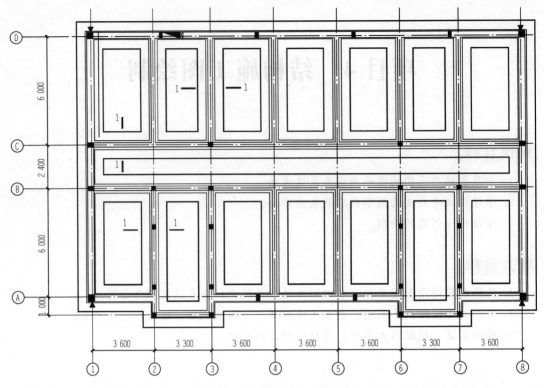

图 4-1　基础结构平面布置图

（1）打开 AutoCAD 软件，创建表 4-1 所示图层，并将"轴线"图层设置为当前图层。

表 4-1　图层

名称	颜色	线型	线宽
轴线	红色	Center	默认
基础边线	青色	Continuous	0.7
墙线	黄色	Continuous	0.7
柱子	白色	Continuous	默认
剖切符号	蓝色	Continuous	默认
地沟	洋红	Continuous	默认
尺寸标注	绿色	Continuous	默认

　　（2）在"轴线"图层下，利用"直线""阵列""偏移""复制""修剪"等命令绘制图 4-2 所示轴网。

　　（3）将当前图层更换为"墙线"图层，在多线样式中创建"外墙 370""内墙 240"样式。执行"多线样式"命令，将对正设置为"无"，比例设置为"1"，然后根据表 4-2 所示绘制多线，并根据墙体相交特点修改墙线交点样式，如图 4-3 所示。

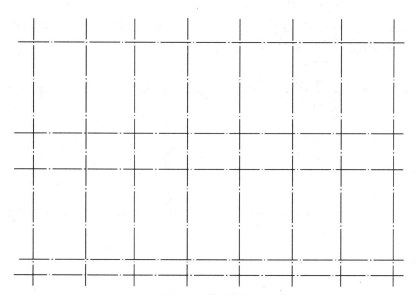

图 4-2 基础轴网

表 4-2 多线绘制

样式名	封口		图元		
	起点	终点	偏移	颜色	线型
外墙 370	直线		250	Bylayer	Bylayer
			−120		
内墙 240	直线		120	Bylayer	Bylayer
			−120		

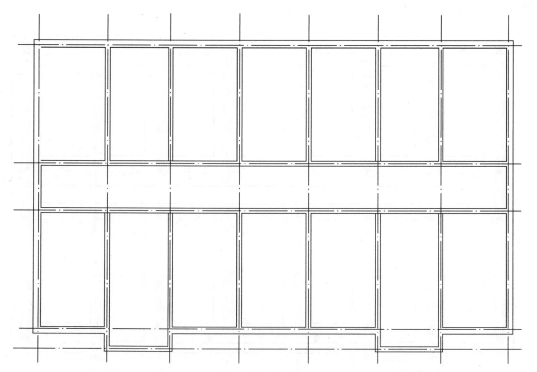

图 4-3 基础墙线布置图

(4)将当前图层更换为"柱子"图层，用"直线""填充""复制"等命令绘制基础平面图中的柱子，如图 4-4 所示。

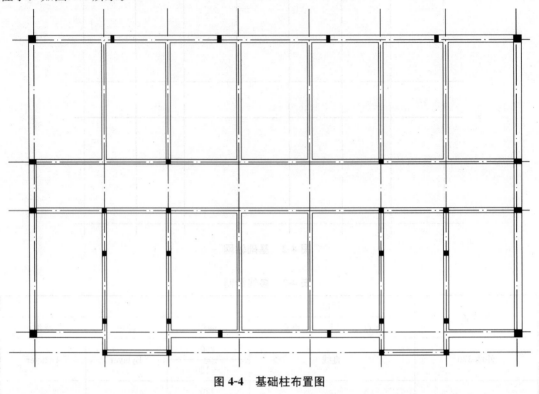

图 4-4　基础柱布置图

(5)将"基础边线"图层设置为当前图层，用"直线""偏移""复制"等命令绘制基础边线，如图 4-5 所示。

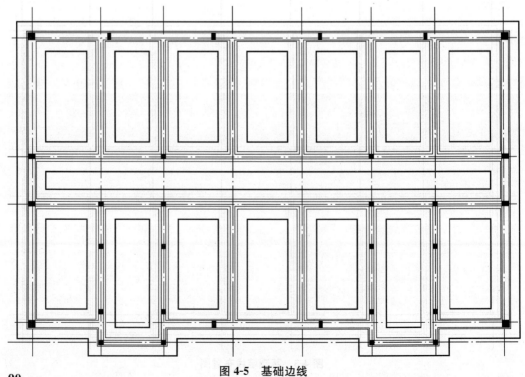

图 4-5　基础边线

(6)将"剖切符号"图层设置为当前图层,绘制基础剖切位置;将"地沟"图层设置为当前图层,绘制地沟图线,如图 4-6 所示。

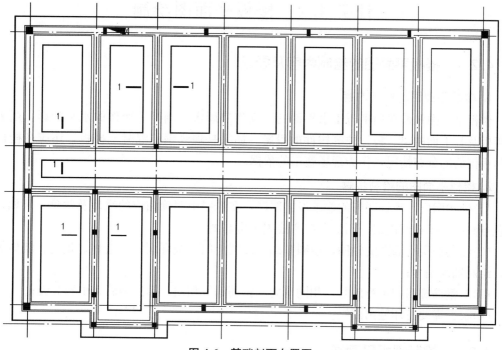

图 4-6　基础剖面布置图

(7)将当前图层设置为"尺寸标注"图层,创建尺寸标注样式,并修改标注文字高度、文字宽高比、设置尺寸起止符样式为建筑标记,全局比例因子为 1。基础平面图最终绘制结果如图 4-7 所示。

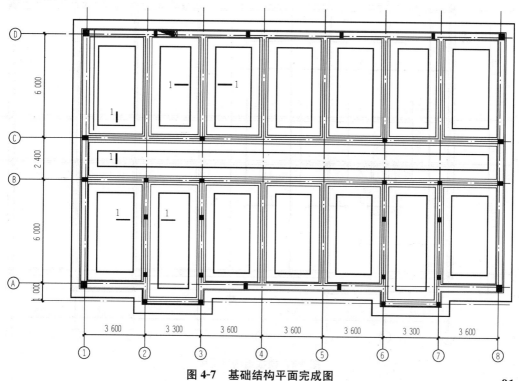

图 4-7　基础结构平面完成图

任务 4.2　楼板平面图绘制

4.2.1　楼板平面图的绘制内容及要求

1. 楼板平面图的绘制内容

楼板平面图是假想用平行于水平面的平面将房屋水平剖开后所作的水平投影，用来表示楼板及其下面的梁、板、柱等构件的投影。如果是现浇钢筋混凝土楼板，还应在楼板内绘制板钢筋的分布情况，作为现场施工的依据。

2. 楼板平面图的绘制步骤

(1)创建图层。根据图形的要求设置图层，在图层中明确相应的线型及颜色。例如，用红色点画线表示轴线图层，用红色粗实线表示钢筋图层等；

(2)绘制楼层平面图的轴网，绘制基础平面图上的楼板开洞、构造柱、钢筋、墙体等图样，绘制轴线编号；

(3)对钢筋和房间进行编号，相同房间和钢筋编号相同，标注钢筋大小和等级；

(4)根据需要打印输出图纸。

4.2.2　绘制楼板平面图

通过对图 4-8 所示图形的绘制，来学习楼板平面图的绘制步骤及方法(注：┳代表钢筋对称布置)。

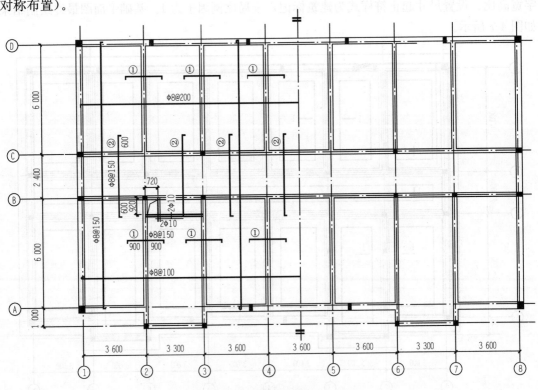

图 4-8　楼板结构平面图

(1)按照任务1基础结构平面图的绘制步骤，绘制轴网和墙线。执行图层编辑命令，创建"钢筋"图层，选择红色，线宽为0.7。多线命令如下：

命令：MLINE↙

当前设置：对正=上，比例=20.00，样式=STANDARD

指定起点或[对正(J)/比例(S)/样式(ST)]：j↙

输入对正类型[上(T)/无(Z)/下(B)]<上>：z↙

当前设置：对正=无，比例=20.00，样式=STANDARD

指定起点或[对正(J)/比例(S)/样式(ST)]：s↙

输入多线比例<20.00>：

当前设置：对正=无，比例=20.00，样式=STANDARD

指定起点或[对正(J)/比例(S)/样式(ST)]：240↙

(2)绘制结果如图4-9所示。利用"矩形""填充"命令绘制墙体内的构造柱(图4-10)，具体命令如下：

命令：_rectang↙

指定第一个角点或[倒角(C)/标高(E)/圆角(F)/厚度(T)/宽度(W)]：

指定另一个角点或[面积(A)/尺寸(D)/旋转(R)]：d↙

指定矩形的长度<10.000 0>：240↙

指定矩形的宽度<10.000 0>：240↙

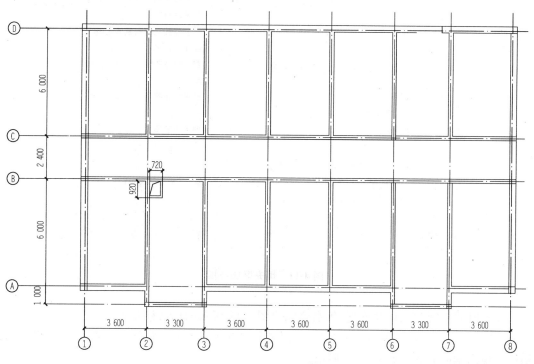

图4-9 楼板尺寸图

图4-10 构造柱绘制图

命令：_hatch↙

拾取内部点或[选择对象(S)/删除边界(B)]：正在选择所有对象…

正在选择所有可见对象…

正在分析所选数据…

正在分析内部孤岛…

拾取内部点或[选择对象(S)/删除边界(B)]：

选择好填充样式和颜色后，在图 4-11 所示"图案填充和渐变色"对话框中选择"添加：拾取点"按钮，鼠标左键单击矩形内部，即可完成填充命令，柱子绘制完毕。

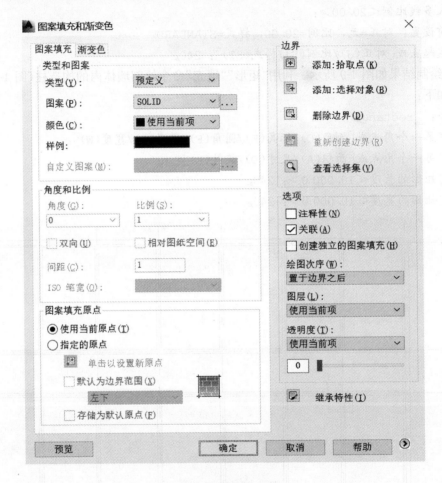

图 4-11　填充区域选择

(3)利用"复制""偏移""阵列"等命令完成图 4-12 所示的构造柱布置。

(4)将当前图层设置为"钢筋"图层，用"直线""复制""偏移"等命令绘制楼板平面图内的钢筋。板内钢筋大样图如图 4-13 所示。

(5)利用"多行文字""圆"等命令对钢筋进行标号和标注，同编号钢筋的大小一致，不用重复标注(图 4-14)。利用"复制""旋转"等命令将钢筋标注置于需要标注的钢筋附近。

(6)在平面图中间位置绘制对称符号(图 4-15)，表明平面左右两边的配筋相同。

(7)按需要打印图形。

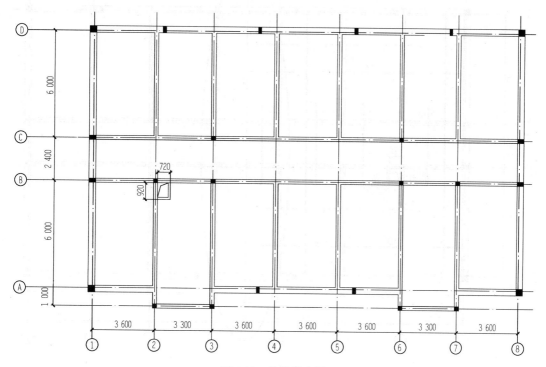

图 4-12　构造柱布置

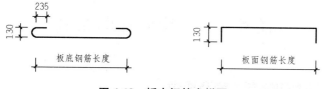

图 4-13　板内钢筋大样图

图 4-14　编号相同的钢筋配筋信息一致

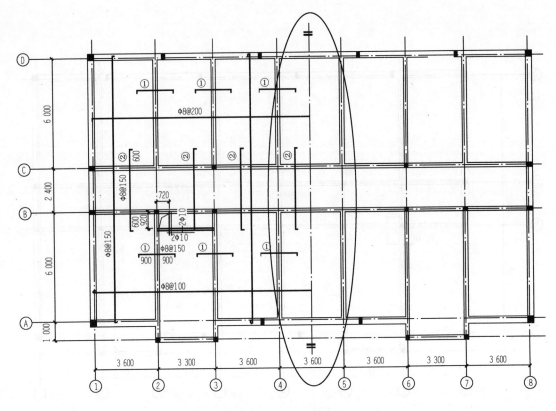

图 4-15　绘制对称符号

任务 4.3　构件详图绘制

4.3.1　构件详图的绘制内容及要求

1. 构件详图的绘制内容

结构构件详图一般是指梁、柱、雨篷等构件的配筋图，主要用于表达构件内部的钢筋位置、数量、规格等。构件详图是施工现场钢筋下料、翻样、绑扎、预埋等工艺的实施依据。

一般为了清楚地表达钢筋的形状和位置，通常会假想混凝土材料是透明的。

构件轮廓线用细实线绘制，钢筋用粗实线绘制。绘制钢筋混凝土构件一般先绘制构件轮廓，然后绘制内部钢筋。

2. 构件详图的绘制步骤

(1)绘制结构构件图形；

(2)绘制构件内钢筋；

(3)标注钢筋符号和构件尺寸。

4.3.2 绘制构件详图

1. 梁详图绘制

梁构件详图主要包括梁配筋图和剖面详图,主要表达了梁构件的尺寸和梁内钢筋的分布。一般需要在梁配筋图上做断面剖切,详细地表达梁配筋信息。

图 4-16 所示是钢筋混凝土梁的结构详图,下面介绍此图的绘制步骤。

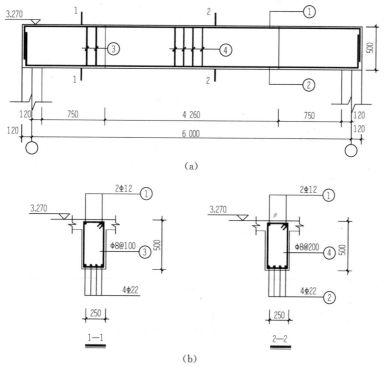

图 4-16 钢筋混凝土梁的结构详图

(a)梁配筋图;(b)梁剖面配筋图

(1)执行 AutoCAD 的图层编辑命令,创建图层(表 4-3)。

表 4-3 图层

名称	颜色	线型	线宽
轴线	红色	Center	默认
墙线	黄色	Continuous	0.7
柱子	白色	Continuous	默认
剖切符号	蓝色	Continuous	默认
尺寸标注	绿色	Continuous	默认
钢筋	红色	Continuous	0.7

(2)按照图示尺寸,在不同的图层对象上,应用"直线""偏移""镜像""复制"等命令绘制

梁和墙体的轮廓线，如图 4-17 所示。

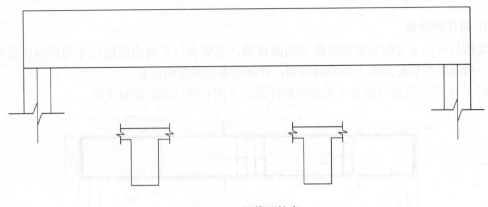

图 4-17　梁截面轮廓

（3）将"钢筋"图层设置为当前图层，在梁的轮廓内部用"多段线""圆环""填充"命令进行钢筋的绘制，如图 4-18 所示。其中点状钢筋的绘制方法如下（按照图形比例，将圆环外径设为 50 mm）：

命令：_donut↙
指定圆环的内径＜0.500 0＞：0↙
指定圆环的外径＜1.000 0＞：50↙

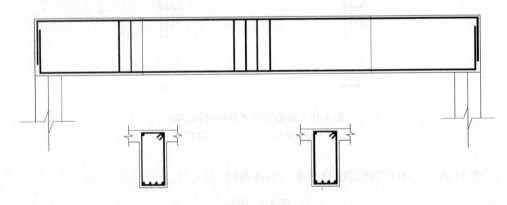

图 4-18　梁内钢筋绘制

（4）将当前图层设置为"尺寸标注"图层，利用"多行文字""复制""移动"等命令对梁的尺寸线进行标注。

（5）对钢筋的数量、规格进行标注。详图的比例一般较大，在尺寸标注中，应将全局比例修改为 20。

（6）按要求打印图纸。

2. 楼梯配筋详图绘制

楼梯配筋详图是取一个梯段为绘制对象，详细绘制梯段的尺寸和梯段内的配筋。楼梯内的配筋和楼板配筋相似，下部为主要受力钢筋，上部一般为构造钢筋。构造钢筋的下部一般都会有分布钢筋对其进行固定。

下面以图 4-19 所示为例，讲解如何绘制楼梯配筋详图。

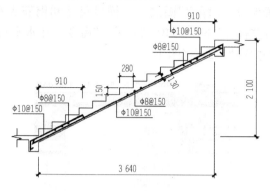

图 4-19　楼梯配筋详图

(1)打开图层编辑命令，按照表 4-4 建立相应图层。

表 4-4　图层

名称	颜色	线型	线宽
轴线	红色	Center	默认
楼梯踏步	黄色	Continuous	默认
尺寸标注	绿色	Continuous	默认
钢筋	红色	Continuous	0.7

(2)使用"直线""复制""修剪""移动"等命令绘制楼梯梯段；用"偏移"命令绘制楼梯板的厚度。绘制结果如图 4-20 所示。

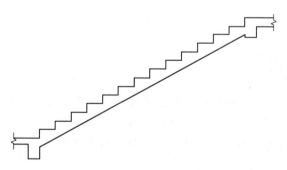

图 4-20　楼梯梯段详图

命令：OFFSET↙
当前设置：删除源=否 图层=源　OFFSETGAPTYPE=0
指定偏移距离或[通过(T)/删除(E)/图层(L)]<通过>：130↙
选择要偏移的对象，或[退出(E)/放弃(U)]<退出>：
指定要偏移的那一侧上的点，或[退出(E)/多个(M)/放弃(U)]<退出>：
选择要偏移的对象，或[退出(E)/放弃(U)]<退出>：＊取消＊
(3)在梯段详图内绘制钢筋。注意点状钢筋和线状钢筋的位置。分布钢筋仅作示意，不用全部绘制出来，标明钢筋的大小即可。

（4）将当前图层设置为"尺寸标注"图层，对梯段尺寸和钢筋大小、数量、直径进行标注。对于斜线的标注使用"标注"下拉菜单中的"对齐"命令，在水平和竖直方向进行标注时，选择"标注"下拉菜单中的"线性"命令（图 4-21）。

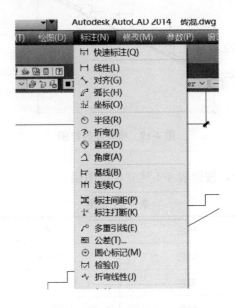

图 4-21　选择尺寸标注

（5）根据需要，按照比例打印。

3. 基础详图绘制

基础详图是在基础平面图上做竖直剖切再投影形成的图形。

项目小结

结构施工图主要表达各个结构构件的配筋情况，本项目主要讲解了如何利用 AutoCAD 软件绘制结构施工图中的基础平面图、楼板平面图以及构件详图。本项目以实际施工图案例为范本，讲述了绘制这些图形的具体操作步骤。如果要更好地掌握本项目的内容，还需注意以下几个方面：

（1）使用 AutoCAD 绘制结构施工平面图形时，为了提高绘图效率，可以将建筑施工平面图的轴网进行复制，在此基础上再绘制需要的结构平面图纸。

（2）在绘制结构施工图纸的钢筋时，可以事先将板底、板顶钢筋以及钢筋的截面表达绘制成块，绘图时可以直接调取这些块，并应用编辑命令进行修改，来提高绘图效率。

（3）钢筋的标注涉及特殊字符，在标注时可以复制标注文字，再进行文字修改，不需要每次都执行"多行文字"命令。

1. 绘制建筑结构平面图。

参照任务2所学知识，绘制图4-22所示的结构平面图。此图为预制板体系，墙厚均为240 mm。

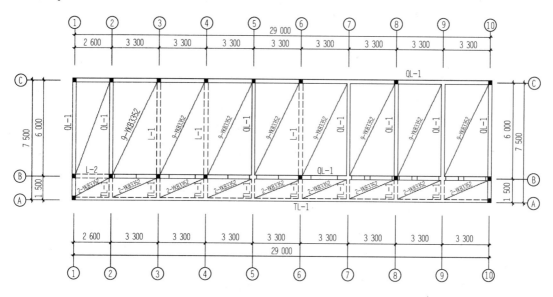

图 4-22 结构平面图

提示：先绘制结构平面轴网；再绘制平面中的构造柱；绘制空心板的铺放位置及空心板标注；最后标注图幅尺寸以及轴网编号。

2. 绘制上人孔详图。

参照任务3所学知识，绘制图4-23所示屋面上人孔详图。

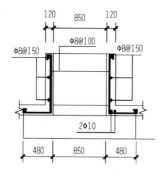

图 4-23 屋面上人孔详图

提示：先绘制构件形体尺寸、定位，再绘制钢筋的配置，标注钢筋编号及大小，最后标注形体尺寸，按图纸需要比例打印图纸。

通过布置土建结构施工图绘图任务，考核学生利用 AutoCAD 软件独立完成基础平面图、楼板平面图和构件详图的绘制，根据学生绘制的完整性和耗时综合评判学生成绩。

项目5　给水排水施工图绘制

知识目标

1. 熟悉建筑给水排水施工图的基本组成。
2. 了解《建筑给水排水制图标准》(GB/T 50106—2010)。
3. 掌握建筑给水排水平面图、系统图和详图的绘制方法。

能力目标

1. 能应用 CAD 软件绘制建筑给水排水施工图的基本内容。
2. 能结合相关规范和标准，进行简单的建筑给水排水施工图绘制。

任务 5.1　给水排水平面图绘制

建筑给水排水平面图，是在建筑平面图上表达建筑内部给水排水管线和设备平面布置的图纸。其反映了给水排水各种功能的管道、管道附件、卫生器具、用水设备等情况，平面图中应突出管线和设备，即用粗线表示管线，其余均用细线。建筑给水排水平面图是编制施工图预算和进行施工的重要依据。

5.1.1　平面图绘制内容及要求

1. 常用图例

给水排水图纸中各系统多采用统一的图例符号表示，而这些图例符号一般并不反映实物的原形，所以在绘制图形前应了解各种符号及其所表示的实物。

(1)管道图例。建筑给水排水施工图的管线在平面图中一般用单粗线来表示，本项目平面图所用管线图例见表5-1，其他常用给水排水管线图例可参见《建筑给水排水制图标准》(GB/T 50106—2010)中表3.0.1。

表 5-1　平面图管线图例

名称	图例	名称	图例
生活给水管	—— J ——	雨水管	—— Y ——
污水管	—— W ——	给水立管	GL
废水管	—— F ——	排水立管	PL

(2)附件及阀门图例。本项目平面图所用附件及阀门图例见表5-2，其他常用给水排水管道附件和阀门图例可参见《建筑给水排水制图标准》(GB/T 50106—2010)中表 3.0.2～表 3.0.6。

表5-2　平面图附件及阀门图例

名称	图例	名称	图例
放水龙头		截止阀	
圆形地漏		闸阀	
清扫口		止回阀	
管堵		角阀	

(3)卫生设备图例。本项目平面图所用卫生设备图例见表5-3，其他常用给水排水管线图例可参见《建筑给水排水制图标准》(GB/T 50106—2010)中表 3.0.8。

表5-3　平面图卫生设备图例

名称	图例	名称	图例
厨房洗涤槽	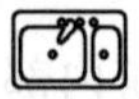	洗脸盆	
坐便器		淋浴器	

2. 平面图的图示内容

(1)建筑内部给水排水管道的布置，应以选用的给水排水方式来确定平面布置图的数量。各种管道、用水器具和设备等均应以正投影法绘制在建筑平面图上。如管道种类较多，在一张平面图中表达不清楚时，可将不同类型管线分开绘制在相应的平面图上。

(2)管道绘制楼层位置。为该层服务的压力管道绘制在该层平面图；敷设在下一层而为本层器具和设备服务的排水管应绘制在本层平面图。如有地下层时，各种排水管、引入管绘制在地下层平面图。

(3)水平引入管、排出管应注明与建筑物轴线的定位尺寸、穿建筑物外墙的标高和防水套管形式。

(4)管道布置不相同的楼层应分别绘制其平面图，管道布置相同的楼层绘制在标准层平面图中。

3. 其他规定

(1)比例。建筑给水排水平面图的比例宜与建筑专业一致，详图可根据需要设置相应绘图比例，具体比例见表5-4。

表 5-4　给水排水施工图常用比例

名称	比例	备注
水处理构筑物、设备间、卫生间、泵房的平、剖面图	1：100、1：50、1：40、1：30	
建筑给水排水平面图	1：200、1：150、1：100	宜与建筑专业一致
建筑给水排水轴测图	1：150、1：100、1：50	宜与相应图纸一致
详图	1：50、1：30、1：20、1：10、 1：5、1：2、1：1、2：1	

(2)标高。标高应以"m"为单位，一般应注写到小数点后第三位，压力管道应标注中心线标高，重力流管道宜标注管内底标高。具体标注方法如图 5-1 所示。

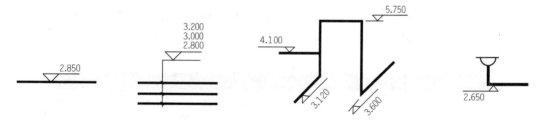

图 5-1　平面图和轴测图中管道标高标注方法

(3)管径。管径应以"mm"为单位；水煤气输送钢管（镀锌或非镀锌）、铸铁管等管材，管径宜以公称直径 DN 表示（如 DN15、DN50）；无缝钢管、焊接钢管（直缝或螺旋缝），管径以"外径×壁厚"表示，并在前面加 D；建筑给水排水塑料管材，管径应以公称外径 De 表示；复合管、结构壁塑料管等管材，管径宜按产品标准的方法表示。具体标注方法如图 5-2 所示。

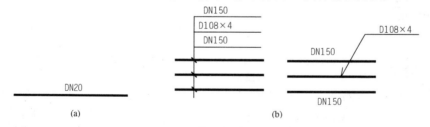

图 5-2　管径的标注方法

(4)编号。当建筑物的给水引入管或排水排出管的数量超过一根时应进行编号，编号按图 5-3 表示；建筑物内穿越楼层的立管，其数量超过一根时应进行编号，编号按图 5-4 表示。

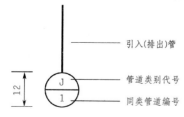

图 5-3　给水引入(排水排出)管编号表示方法

图 5-4　平面图立管编号表示方法

5.1.2 绘制给水排水平面图

1. 绘制步骤

(1)导入建筑平面图。导入建筑平面图，删除不需要的建筑细部尺寸或关闭相关图层。

(2)创建新图层。创建给水排水平面图中管线和附件所需要的图层，并设置线型及颜色。

(3)绘制平面图立管。确定平面图中给水排水立管位置，绘制并标注管道类别及编号。

(4)绘制水平管线。根据水平定位，按照先干管再支管的顺序绘制水平管线。

(5)绘制卫生间管道详图。根据卫生间洁具位置绘制水平支管和管道附件。

(6)标注引入管及排水排出管编号。按照图 5-3 所示编号表示方法按照一定顺序编号。

(7)插入图框。根据出图比例插入相应规格图幅的图框，并标注图名、图号、日期等内容。

2. 绘制实例

通过绘制某住宅楼给水排水平面图，来学习绘制这类建筑给水排水平面图的方法和步骤。

(1)导入建筑平面图。如图 5-5 所示，打开建筑专业提供的住宅楼一层和住宅楼二～六层建筑平面图。

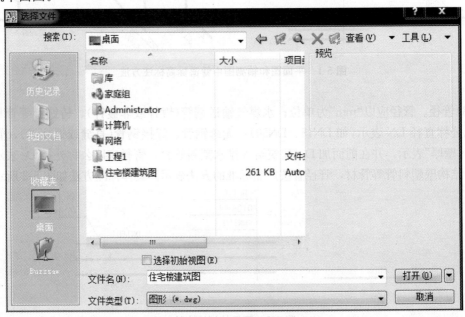

图 5-5 打开"住宅楼建筑图"对话框

打开住宅楼建筑图后，执行"删除"命令删除建筑平面图中的细部尺寸和索引符号，命令参数设置如下：

```
命令：_erase
选择对象：指定对角点：找到 3 个
选择对象：指定对角点：找到 3 个，总计 6 个
选择对象：指定对角点：找到 10 个，总计 16 个
选择对象：指定对角点：找到 16 个，总计 32 个
…
```

执行完"删除"命令后的建筑平面条件图如图 5-6 所示。

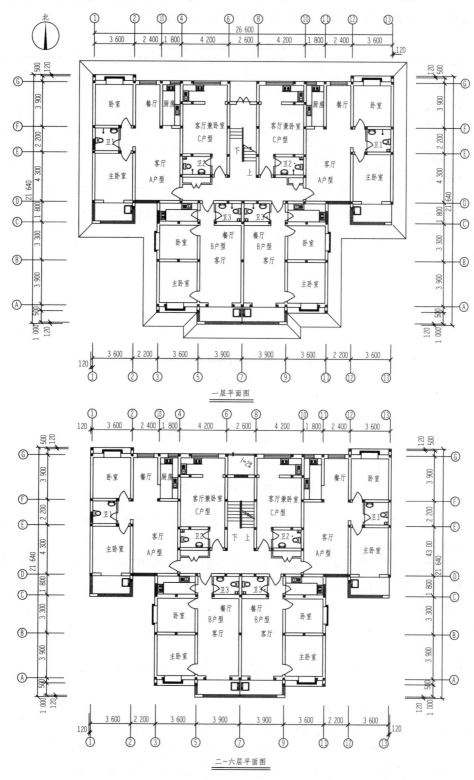

一层平面图

二~六层平面图

图 5-6 住宅建筑平面条件图

(2)创建新图层。关闭状态栏中 格栅 开关，打开 极轴 、 对象捕捉 、 对象追踪 和 DYN 开关，并将极轴增量角设置为 45，根据绘图需要创建表 5-5 所示新图层。

表 5-5　给水排水平面图新建图层

图层名称	颜色	线型	线宽
给水管线	洋红	Continuous	0.6
排水管线	黄色	Hidden	0.6
给水附件	白色	Continuous	默认
排水附件	白色	Continuous	默认
给水标注	绿色	Continuous	默认
排水标注	绿色	Continuous	默认

(3)绘制平面图立管。将当前图层设置为相应管线图层，利用"圆""引线""单行文字"等命令绘制给水立管和排水立管，给水立管图形绘制步骤如图 5-7(a)～(c)所示，排水立管图形绘制步骤如图 5-8(a)～(c)所示。

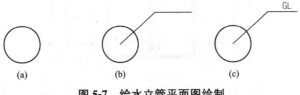

图 5-7　给水立管平面图绘制

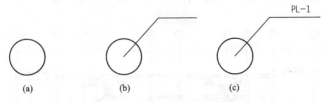

图 5-8　排水立管平面图绘制

利用"移动""复制"命令将绘制好的给水排水立管复制到建筑平面图相应位置，操作后的图形如图 5-9 所示。

(4)绘制水平管线。将当前图层设置为相应管线图层，利用"多段线"命令绘制给水排水水平管线，命令参数设置如下：

命令：_pline↙
指定起点：
当前线宽为 0
指定下一个点或[圆弧(A)/半宽(H)/长度(L)/放弃(U)/宽度(W)]：w↙
指定起点宽度<0>：50↙
指定端点宽度<50>：
指定下一个点或[圆弧(A)/半宽(H)/长度(L)/放弃(U)/宽度(W)]：
指定下一点或[圆弧(A)/闭合(C)/半宽(H)/长度(L)/放弃(U)/宽度(W)]：
指定下一点或[圆弧(A)/闭合(C)/半宽(H)/长度(L)/放弃(U)/宽度(W)]：
…

给水总引入管和 A 户型水平给水横干管绘制后的图形分别如图 5-10(a)、(b)所示，排水立管排出横干管图形如图 5-11(a)所示，添加一层单独排水横干管图形后如图 5-11(b)所示。

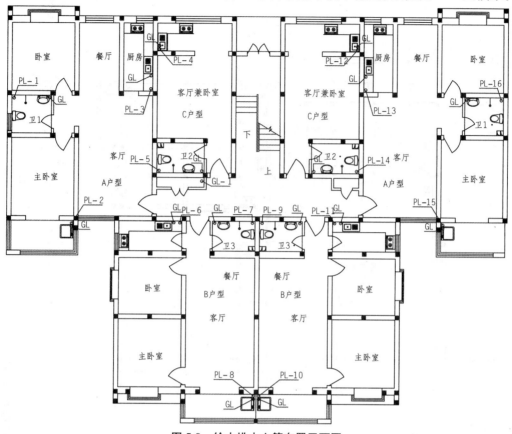

图 5-9　给水排水立管布置平面图

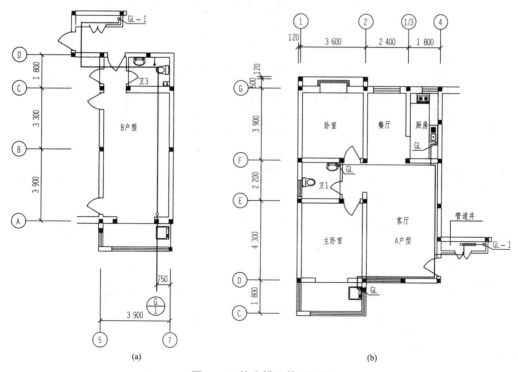

(a)　　　　　　　　　　　　(b)

图 5-10　给水横干管平面图

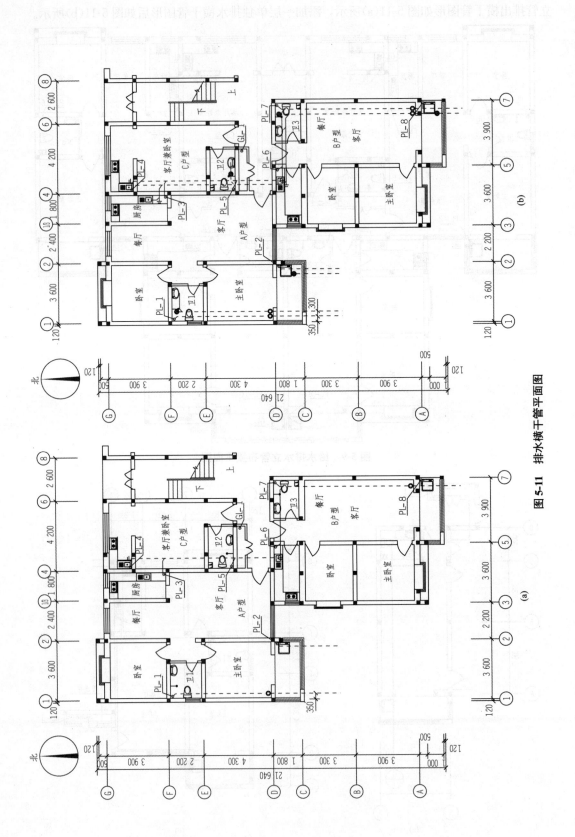

图 5-11　排水横干管平面图

(5)绘制卫生间管道详图。将当前图层设置为相应管线图层，利用"圆""填充"命令绘制地漏平面图，其中"填充"命令图案和比例选择如图 5-12 所示。

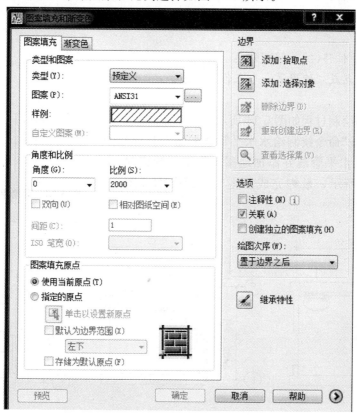

图 5-12　地漏填充图案参数

地漏平面图绘制过程如图 5-13 所示。

利用"直线""复制""拉伸"命令绘制管堵平面图，命令参数设置如下。

命令：_line✓

指定第一点：

指定下一点或［放弃(U)］：＜正交 开＞

指定下一点或［放弃(U)］：

…

命令：_copy✓

选择对象：指定对角点：找到 1 个

选择对象：

当前设置：复制模式＝多个

指定基点或［位移(D)/模式(O)］＜位移＞：指定第二个点或＜使用第一个点作为位移＞：

指定第二个点或［退出(E)/放弃(U)］＜退出＞：

…

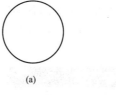

(a)　　　　　　　　(b)

图 5-13　地漏平面图绘制

命令：_stretch↙

以交叉窗口或交叉多边形选择要拉伸的对象…

选择对象：指定对角点：找到 1 个

选择对象：

指定基点或[位移(D)]<位移>：

指定第二个点或<使用第一个点作为位移>：

…

管堵平面图绘制过程如图 5-14 所示。

利用"多段线"命令绘制给水水平管线如图 5-15(a)所示，绘制排水水平管线并添加地漏、管堵等管道附件如图 5-15(b)所示，最终完成卫生间管道平面详图如图 5-15(c)所示。

图 5-14　管堵平面图绘制

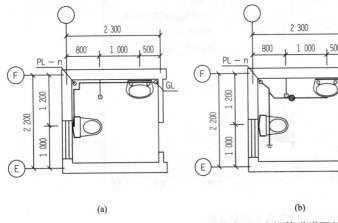

(a)　　　　　　　　　(b)　　　　　　　　　(c)

图 5-15　卫生间管道详图绘制

(6)标注引入管及排水排出管编号并插入图框。依据给水排水标注和编号方法，标注引入管及排水排出管编号，最后再插入在项目 3 实训练习中画好的建筑图框，其操作如图 5-16 所示。

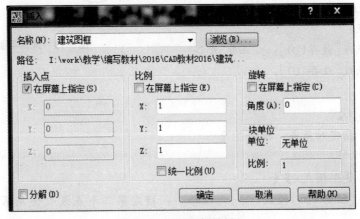

图 5-16　建筑图框的插入

完成后的给水排水平面图如图 5-17 和图 5-18 所示。

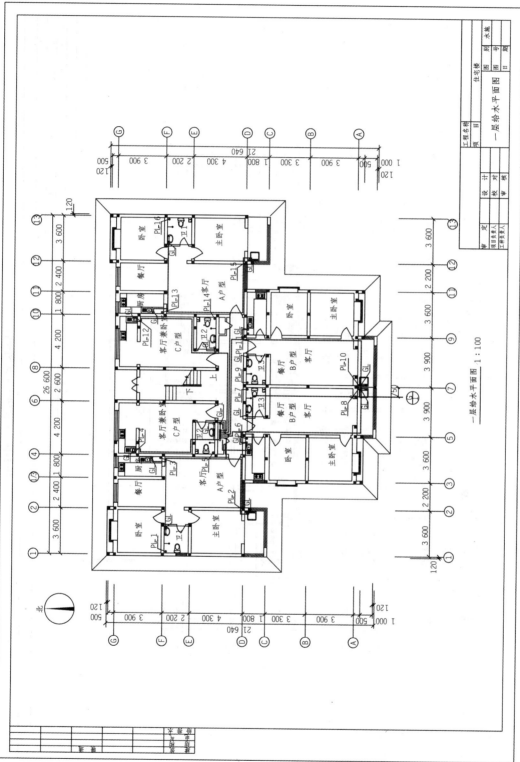

图 5-17 一层给水平面图绘制

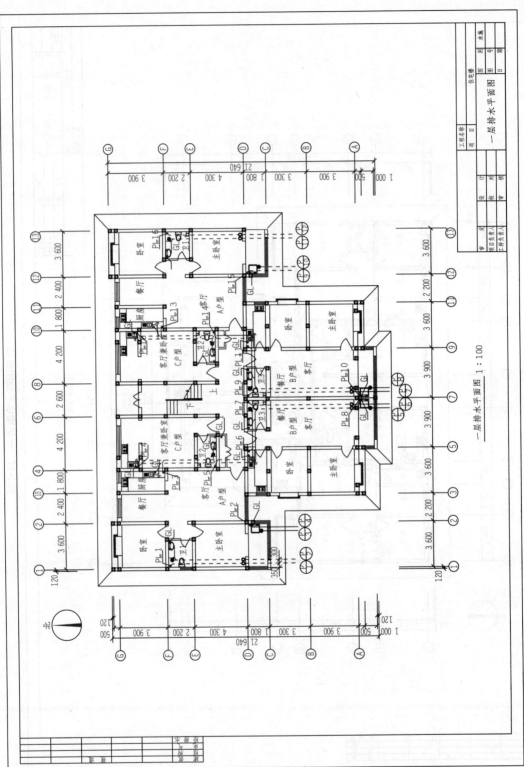

一层排水平面图 1:100

图 5-18 一层水平面图绘制

5.1.3　任务扩展

参考前述给水排水平面图的绘制方法，绘制如图 5-19、图 5-20 所示的给水排水平面图。

绘制任务及要求如下：

(1)依据给水水平横干管绘制要求，按照创建图层→绘制管线平面图→局部细节绘制→标注文字的步骤，绘制图 5-19 所示的平面图。

(2)依据给水排水平面图绘制要求，按照创建图层→绘制管线平面图→管道附件绘制→标注文字→添加图幅的步骤，绘制图 5-20 所示的平面图。

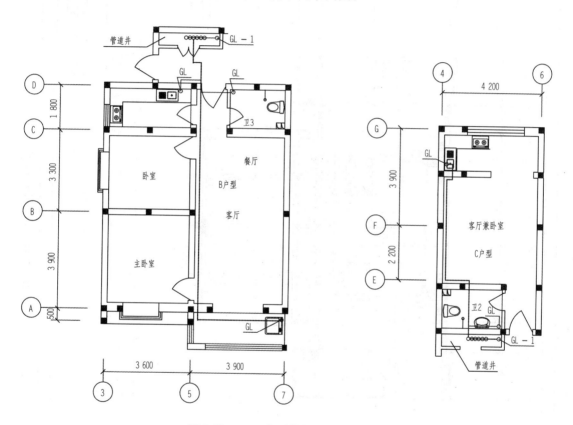

图 5-19　B、C 户型给水横干管平面图

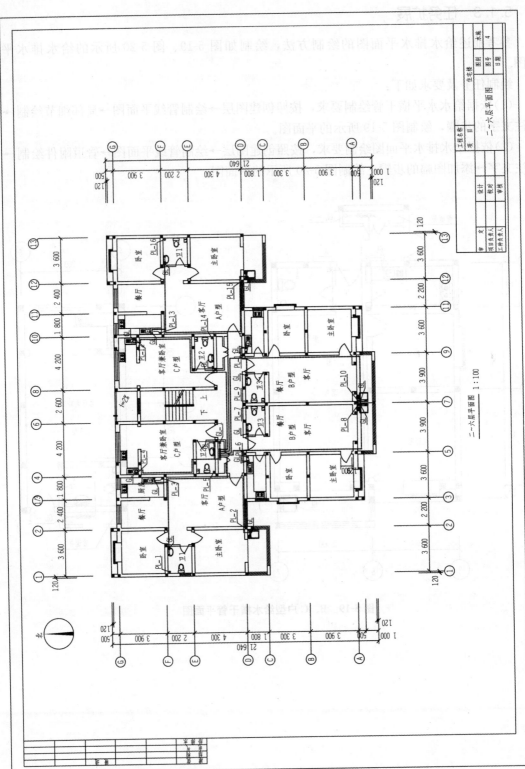

图 5-20　二~六层给水排水平面图

二~六层平面图 1:100

任务 5.2 给水排水系统图绘制

给水排水系统图反映的是管线的空间关系，表明管道系统的立体走向。如果由于管线遮挡等原因，系统图可以不按照平面图的比例来绘制。给水排水系统图利用轴测投影法表示管线走向，在图中垂直方向表示管道上下走向，水平方向表示管道左右走向，135°方向表示管道前后方向。各线段上标注的数字表示管道的管径。在工程中给水排水系统图与平面图结合作为编制施工图预算和进行施工的重要依据。

5.2.1 系统图绘制内容及要求

1. 常用图例

(1)管道图例。同前述给水排水平面图，见表 5-1。

(2)附件及阀门图例。本项目系统图所用附件及阀门图例见表 5-6，其他常用给水排水管道附件和阀门图例可参见《建筑给水排水制图标准》(GB/T 50106—2010)中表 3.0.2～表 3.0.6。

表 5-6 系统图附件及阀门图例

名称	图例	名称	图例
排水 S 形存水弯		管堵	
排水 P 形存水弯		闸阀	
清扫口		止回阀	
圆形地漏		截止阀	
通气帽		角阀	

2. 系统图的图示内容

(1)给水系统图绘制过程中，不需要画出卫生器具的具体示意图，只需画出水龙头、角阀、冲洗水箱等符号，用水设备如水泵、水箱等则需要画出示意性立体图，并以文字说明。

(2)排水系统图绘制过程中，除需要绘制出管线轴测图外，只需要画出相应卫生器具的存水弯或器具排水管。

(3)系统图上立管对应各楼层标高都要有注明，以便分清各层管路。

(4)管道支架在图中一般不表示，由预算人员或施工人员按照有关定额或施工规范确定。

5.2.2 绘制给水排水系统图

1. 绘制步骤

(1)绘制给水系统图。根据给水管线的走向，先布置干管的位置，再绘制支管，最后插入阀门、水龙头等附件，检查无误后再标注管径和支管标高。

(2)绘制排水系统图。根据排水管线的走向、管路分支情况、管径尺寸与横管坡度、存水弯的形式、清通设备和通气设备的设置情况，绘制管道的系统图。

(3)给水系统图和排水系统图绘制完成后，标注图名并插入图框。

2. 绘制实例

通过绘制与本项目任务1平面图对应的给水排水系统图，来学习绘制系统图的方法和步骤。

(1)绘制系统图立管。将当前图层设置为相应管线图层，先利用"直线""复制""单行文字"等命令绘制楼层线段，绘制后的图形如图 5-24(a)所示。

命令：_line✓
指定第一点：
指定下一点或[放弃(U)]：＜正交 开＞
指定下一点或[放弃(U)]：
…

命令：_copy✓
选择对象：
指定对角点：找到 1 个
选择对象：
当前设置：复制模式=多个
指定基点或[位移(D)/模式(O)]＜位移＞：
指定第二个点或＜使用第一个点作为位移＞：
指定第二个点或[退出(E)/放弃(U)]＜退出＞：
…

命令：_dtext✓
当前文字样式："DIM_FONT" 文字高度：150 注释性：否
指定文字的起点或[对正(J)/样式(S)]：
指定高度＜150＞：300✓
指定文字的旋转角度＜0＞：
…

再利用"多段线""复制""单行文字"等命令绘制给水立管和排水立管，操作后的图形如图 5-24(b)所示。

利用"圆""直线""填充"等命令绘制给水阀门，绘制步骤如图 5-21(a)～(c)所示。

利用"圆""直线""填充"等命令绘制给水水表，绘制步骤如图 5-22(a)～(c)所示。

利用"圆""直线""填充"等命令绘制排水管道系统图中的透气帽，绘制步骤如图 5-23(a)、(b)所示。

最后在给水立管和排水立管上分别添加给水横支管连接管、阀门、水表和排水立管检查口、通气帽等附件。绘制后的图形如图 5-24(c)所示。

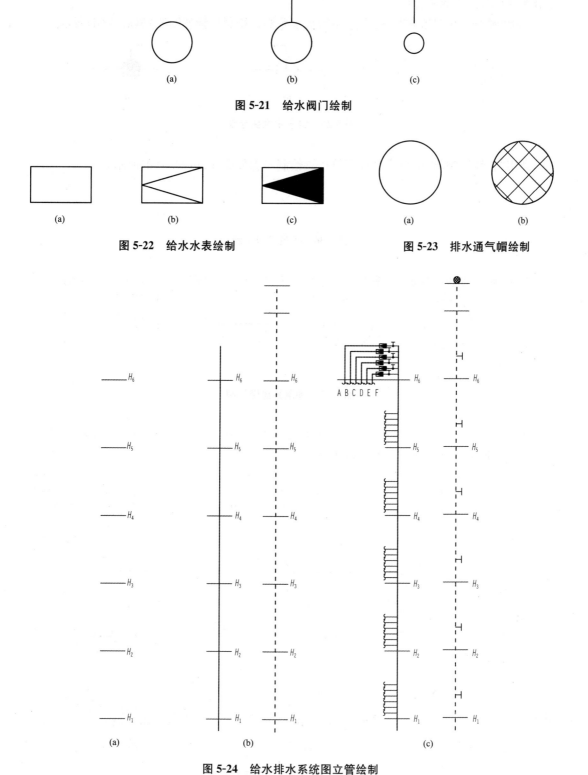

图 5-21　给水阀门绘制

图 5-22　给水水表绘制　　　　　　图 5-23　排水通气帽绘制

图 5-24　给水排水系统图立管绘制

（2）绘制系统图横管。将当前图层设置为相应管线图层，将平面图中相应的管线利用"复制"命令先复制，再利用"旋转""移动"等命令按照轴测投影图要求绘制横管，最后再添加给水排水附件并标注管径。

利用"圆""直线""填充"等命令绘制给水水龙头，绘制步骤如图 5-25(a)～(d)所示。

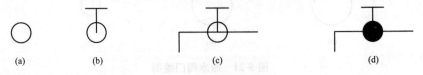

(a)　　　　(b)　　　　(c)　　　　(d)

图 5-25　给水水龙头绘制

利用"直线""删除"命令绘制标高符号，绘制步骤如图 5-26(a)～(d)所示。

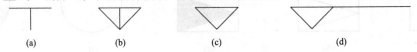

(a)　　　　(b)　　　　(c)　　　　(d)

图 5-26　标高符号绘制

利用"圆""直线""修剪"等命令绘制地漏系统图，绘制步骤如图 5-27(a)～(d)所示。

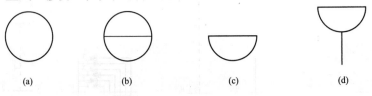

(a)　　　　(b)　　　　(c)　　　　(d)

图 5-27　地漏系统图绘制

以 A 户型给水横支管绘制为例，绘制步骤如图 5-28(a)～(f)所示。以 PL-1 排水横支管绘制为例，绘制步骤如图 5-29(a)～(d)所示。

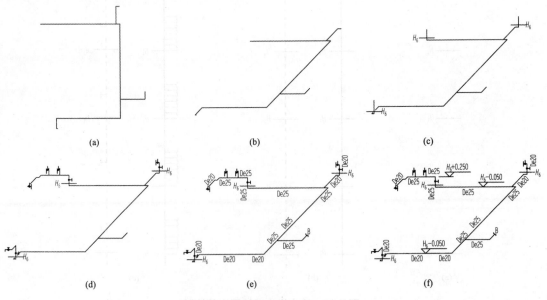

(a)　　　　　　　　(b)　　　　　　　　(c)

(d)　　　　　　　　(e)　　　　　　　　(f)

图 5-28　A 户型给水横支管绘制

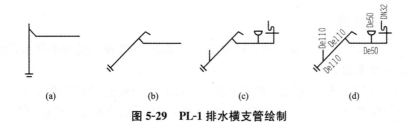

图 5-29　PL-1 排水横支管绘制

（3）绘制系统横干管并标注管径及编号。将当前图层设置为相应管线图层，按照轴测投影图要求，对应一层平面图给水排水横干管走向，绘制给水排水横干管系统图，如图 5-30（a）所示。将绘制完成的横干管系统图与相应立管系统图组合完成 G-1、P-1 系统图，如图 5-30（b）所示。

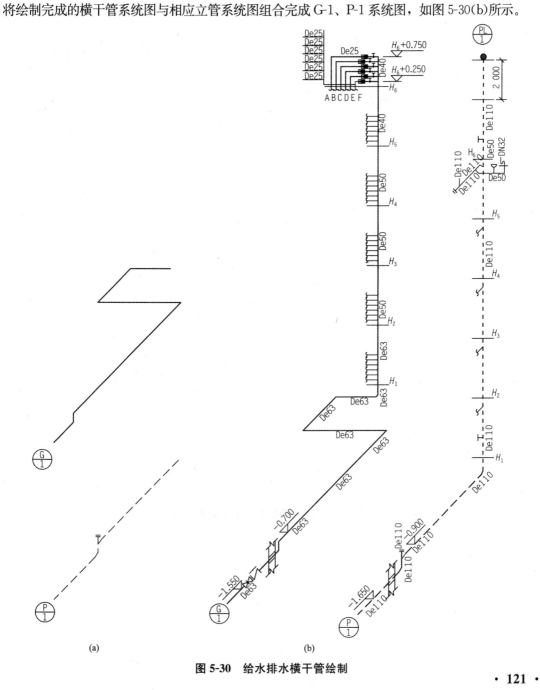

图 5-30　给水排水横干管绘制

5.2.3 任务扩展

参考给水排水系统图的绘制方法，绘制图 5-31 和图 5-32 所示的给水排水系统图。

绘制任务及要求如下：

（1）依据给水系统图绘制要求，按照复制平面图管线→修改平面图管线→管道附件绘制添加→标注管径标高→标注文字的步骤，绘制如图 5-31 所示给水横支管系统图。

（2）依据排水系统图绘制要求，按照复制平面图管线→修改平面图管线→管道附件绘制添加→标注管径标高→标注文字的步骤，绘制如图 5-32 所示该住宅楼除 PL-1 外其余排水管道系统图。

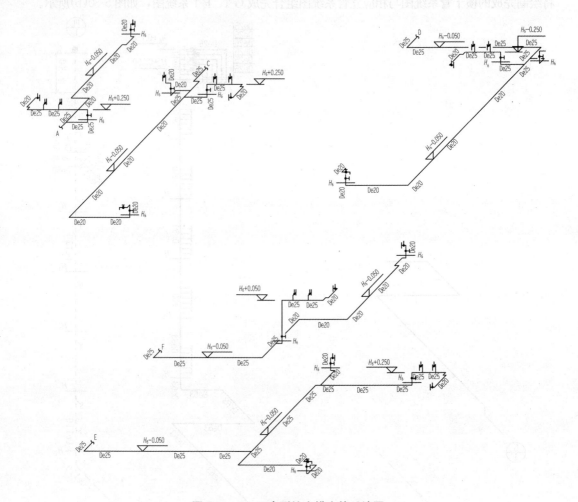

图 5-31   B、C 户型给水横支管系统图

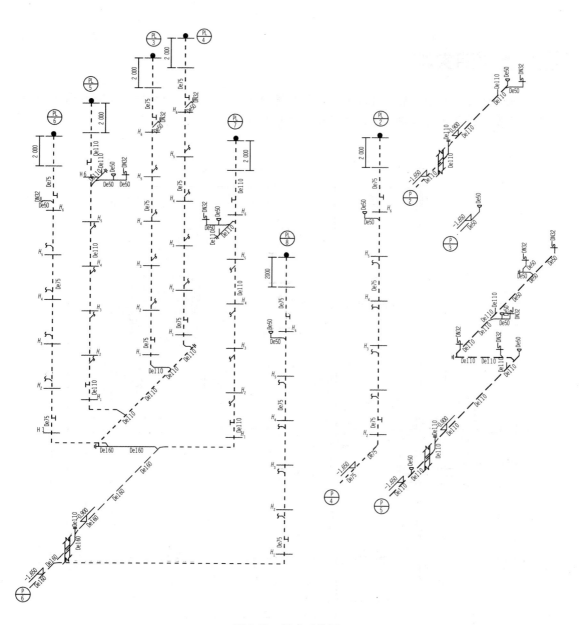

图 5-32　排水系统图

项目小结

本项目通过绘制某住宅楼给水排水施工图实例，在各项任务实施中讲解了利用Auto-CAD软件绘制给水排水施工图的要求和具体步骤。一般按照导入建筑平面图→给水排水平面图→给水排水系统图→详图的绘制顺序来绘制建筑给水排水施工图。

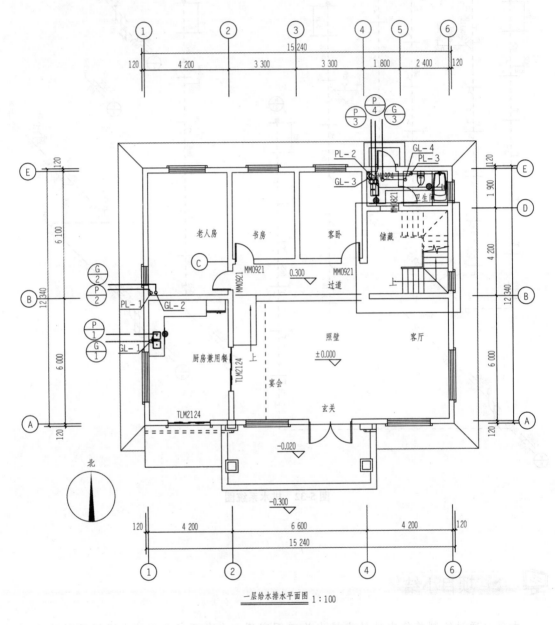

项目实训

根据本项目所学绘制给水排水平面图和系统图的方法步骤，绘制如图 5-33～图 5-37 所示的某别墅建筑给水排水施工图，文字和尺寸标准参数按图示比例设置。

一层给水排水平面图 1:100

图 5-33　一层给水排水平面图

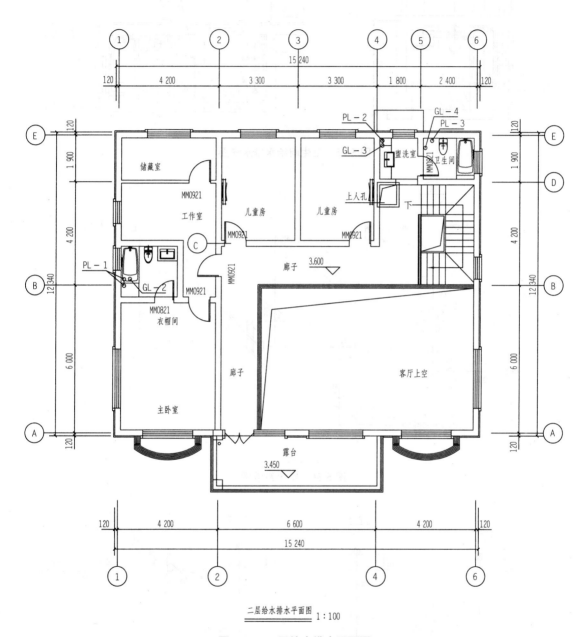

二层给水排水平面图　1:100

图 5-34　二层给水排水平面图

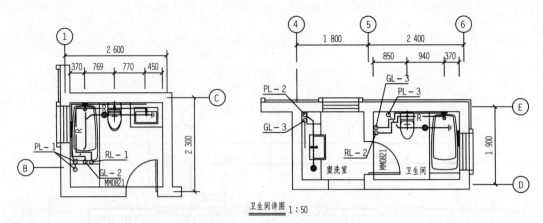

图 5-35 卫生间给水排水详图

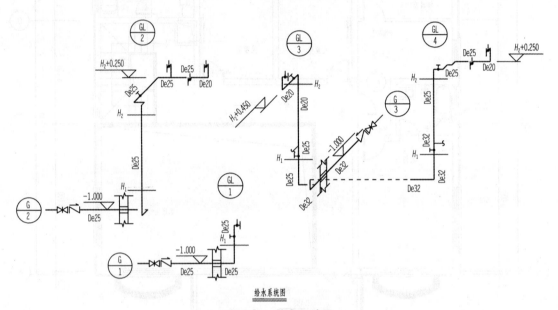

图 5-36 给水系统图

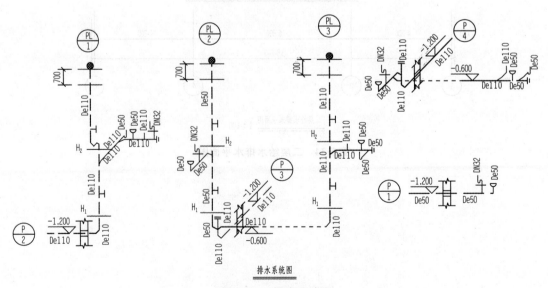

图 5-37 排水系统图

通过布置给水排水施工图绘图任务，考核学生利用 AutoCAD 软件独立完成单体工程建筑给水排水施工图的绘制，根据学生绘制的正确性和完整性综合评判学生的绘图能力。

项目 6　采暖施工图绘制

1. 熟悉采暖施工图的基本组成。
2. 了解采暖图纸制图标准。
3. 掌握采暖工程平面图和系统图的绘制方法。

1. 能应用 AutoCAD 软件绘制采暖施工图的基本内容。
2. 能结合相关规范和标准，进行一般性工程的采暖施工图绘制。

任务 6.1　采暖平面图绘制

采暖平面图是在建筑平面图上表达建筑内部采暖管线和设备平面布置的图纸。其反映了采暖各种功能的管道、管道附件、采暖设备等情况，平面图中用粗线表示管线和采暖设备，其余均用细线。采暖平面图是编制安装专业施工图预算和进行施工的重要依据。

6.1.1　平面图绘制内容及要求

1. 常用图例

采暖图纸的表达形式与给水排水图纸的表达形式类似，一般均采用统一的图例符号表示，而这些图例符号并不反映实物的原形，所以在绘制图形前应了解各种符号及其所表示的实物。

(1)管道图例。采暖施工图的管线在平面图中一般用单粗线来表示，本项目平面图所用管线图例见表 6-1，其他常用采暖图例可参见《暖通空调制图标准》(GB/T 50114—2010)。

表 6-1　平面图管线图例

名称	图例	名称	图例
采暖供水管	——————	采暖系统总立管	$L_总$
采暖回水管	– – – – –	采暖系统立管编号	L_n

(2)附件及阀门图例。本项目平面图所用附件及阀门图例见表 6-2，其他常用给水排水管道附件和阀门图例可参见《暖通空调制图标准》(GB/T 50114—2010)。

表 6-2 平面图附件及阀门图例

名称	图例	名称	图例
自动排气阀		截止阀	
三通阀		闸阀	
静态平衡阀		止回阀	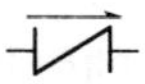
Y形水过滤器	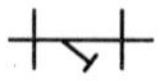	固定支架	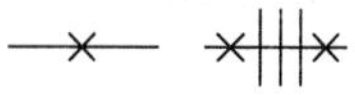

(3)采暖设备。本项目平面图所用采暖设备图例见表 6-3,其他采暖设备平面图图例可参见《暖通空调制图标准》(GB/T 50114—2010)。

表 6-3 平面图采暖设备图例

名称	图例	名称	图例
散热器及手动放气阀	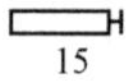 15	水泵	
散热器及温控阀	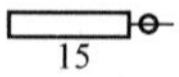 15	手摇泵	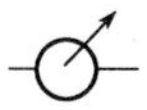

2. 平面图的图示内容

(1)采暖管道的布置,应以选用的采暖方式来确定平面布置形式。各种管道、采暖器具和设备等均应以正投影法绘制在建筑平面图上。

(2)平面图应反映出热力入口的位置、干管和支管的位置、立管的位置及编号、散热器的位置及数量等。室内供暖系统以系统入口数量编号,当系统入口数量有两个或两个以上时,应进行编号。编号由系统代号和顺序号组成。系统代号由大写拉丁字母表示(室内供暖系统用"N"表示),顺序号用阿拉伯数字表示。

(3)采暖立管的编号应同时标注于首层和标准层,立管进行编号时,应与建筑轴线编号区分开,以免引起误解。

(4)地面辐射供暖工程施工图设计文件应以施工图纸为主,包括图纸目录、设计说明、加热管或发热电缆平面布置图、温控装置图及分水器、集水器、地面构造示意图等内容。

3. 其他规定

(1)比例。采暖图纸的比例宜与建筑专业一致,详图可根据需要设置相应绘图比例,具体比例参见表 6-4。

表 6-4 采暖施工图比例

图名	常用比例	可用比例
剖面图	1:50、1:100	1:150、1:200
局部放大图、管沟断面图	1:20、1:50、1:100	1:25、1:30、1:150、1:200
索引图、详图	1:1、1:2、1:5、1:10、1:20	1:3、1:4、1:15

（2）标高。标高符号应以等腰直角三角形表示，室内标注相对标高，单位为"m"。当层数较多时，可只标注和本楼（地）板面的相对标高，具体标注方法如图 6-1 所示。

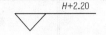

图 6-1　相对标高的绘制

（3）管径。水平管道的规格宜标注在管道的上方，竖向管道的规格宜标注在管道左侧，双线表示的管道可标注在管道轮廓线内，具体标注方法如图 6-2 所示。多条管道的标注方法如图 6-3 所示。

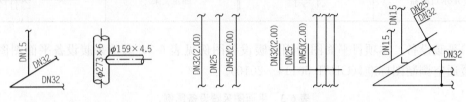

图 6-2　管道标注方法　　　　　　　　　**图 6-3　多条管道标注方法**

（4）立管编号。竖向布置的垂直管道系统应标注立管号，可以只标注立管号，但应与建筑轴线编号有所区别，具体标注方法如图 6-4 所示。

图 6-4　立管编号的标注

（5）索引符号。平面图的局部需要另绘制详图时，应在平面图上标注索引符号，索引符号的画法如图 6-5 所示。

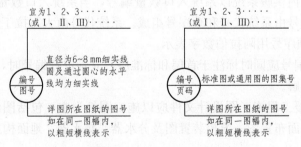

图 6-5　索引符号的绘制

6.1.2　绘制采暖平面图

1. 绘制步骤

（1）导入建筑平面图。导入建筑平面图，删除不需要的建筑细部尺寸或关闭相关图层。

（2）创建新图层。创建采暖平面图中管线和附件所需要的图层，并设置线型及颜色。

（3）绘制平面图立管。确定平面图中采暖供、回水立管位置，绘制并标注管道类别及编号。

（4）绘制水平管线。根据水平定位，按照先干管再支管的顺序绘制水平管线。如果是地辐射采暖，则应绘出加热管的平面布置形式。

（5）绘制采暖详图。与给水排水施工详图相同，根据需要在图纸上绘制局部施工大样图。

（6）标注引入管及管道编号。按照一定顺序标注管道编号。

（7）插入图框。根据出图比例导入相应规格图幅的图框，并标注图名、图号、日期等内容。

2. 绘制实例

与项目5实例相同，以某住宅楼为例，通过绘制该建筑的地辐射热水采暖平面图，来学习绘制采暖平面图的方法和步骤。

（1）导入建筑平面图。打开住宅楼一层和住宅楼二～六层建筑平面图，并删除建筑平面图中细部尺寸，同时关闭不需要的图层。操作后的建筑平面条件图如图6-6所示。

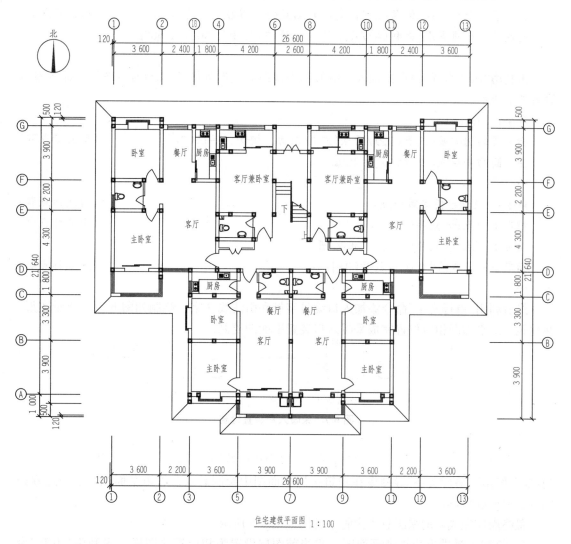

住宅建筑平面图 1:100

图6-6　住宅建筑平面条件图

(2)创建新图层。根据绘图需要创建表6-5所示新图层。

表6-5　采暖平面图新建图层

图层名称	颜色	线型	线宽
采暖供水管线	洋红	Continuous	0.6
采暖回水管线	黄色	Hidden	0.6
采暖附件	白色	Continuous	默认
采暖设备	白色	Continuous	默认
采暖标注	绿色	Continuous	默认

(3)绘制采暖入口装置。将当前图层设置为相应管线图层，利用"矩形"绘图命令绘制如图6-7(a)所示的图形，命令参数设置如下：

命令：_rectang✓
指定第一个角点或[倒角(C)/标高(E)/圆角(F)/厚度(T)/宽度(W)]：　　　　　　　(用鼠标点取)
指定另一个角点或[面积(A)/尺寸(D)/旋转(R)]：@ 1 500，1 500✓
…

再利用"圆""直线"命令添加入口编号和引注线，绘制如图6-7(b)所示图形，命令参数设置如下所示。

命令：_circle
指定圆的圆心或[三点(3P)/两点(2P)/相切、相切、半径(T)]：　　　　　　　　(用鼠标点取)
指定圆的半径或[直径(D)]：400✓
…

命令：_line 指定第一点：　　　　　　　　　　　　　　　　　　　　　　　　(用鼠标点取)
指定下一点或[放弃(U)]：　　　　　　　　　　　　　　　　　　　　　　　　(用鼠标点取)
指定下一点或[放弃(U)]：＜正交 开＞
指定下一点或[闭合(C)/放弃(U)]：　　　　　　　　　　　　　　　　　　　　(用鼠标点取)
…

最后利用"单行文字"命令添加入口编号字母和引注线文字，绘制如图6-7(c)所示图形，在建筑一层平面图相应位置完成采暖入口装置平面图绘制。

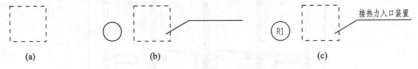

图6-7　采暖入户装置绘制

(4)绘制总入户管平面图。将当前图层设置为相应管线图层，利用"多段线""直线""圆""复制""倒角""单行文字"等命令在建筑一层平面图中绘制总入口管道平面图，绘制过程如图6-8(a)～(c)所示。

最终操作完成后的采暖总入户管平面图如图6-9所示。

(5)绘制采暖进出户管道平面图。将当前图层设置为相应管线图层，先利用"矩形"命令在建筑平面图厨房设计位置绘制分集水器平面图，绘制完成后如图6-10(a)所示。再利用"多段线""倒角"命令绘制从管道井到户内分集水器之间的进出户管道平面图，绘制完成后如图 6-10(b)所示。

最终操作完成后的一层采暖进出户管道平面图如图 6-11 所示。

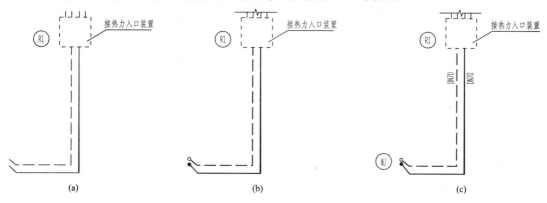

图 6-8　采暖总入口管道绘制

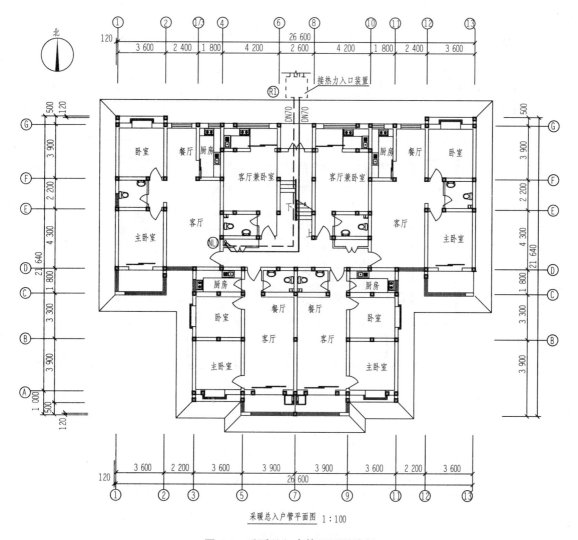

采暖总入户管平面图 1:100

图 6-9　采暖总入户管平面图绘制

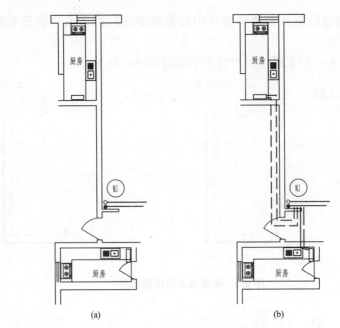

(a)　　　　　　　　　　　　(b)

图 6-10　采暖进出户管道绘制

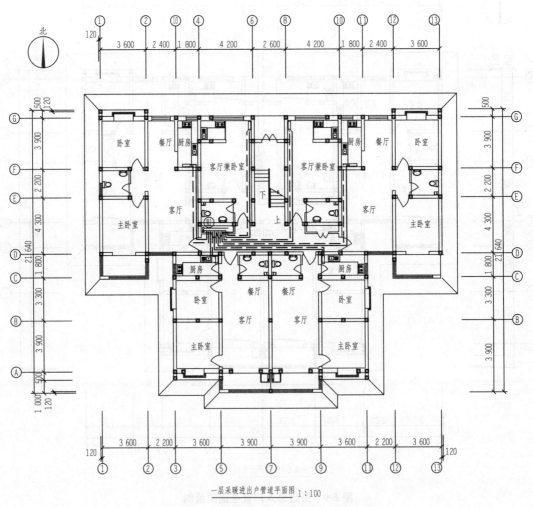

一层采暖进出户管道平面图 1:100

图 6-11　一层采暖进出户管道平面图绘制

(6)绘制一层采暖平面图。当前图层设置为相应管线图层，先利用"直线""偏移""倒角"命令在建筑平面图户内位置绘制地辐射管道，"偏移"命令参数设置如下所示。

命令：_offset↙
当前设置：删除源=否 图层=源 OFFSETGAPTYPE=0
指定偏移距离或[通过(T)/删除(E)/图层(L)]<通过>：250↙
选择要偏移的对象，或[退出(E)/放弃(U)]<退出>： （用鼠标点取）
指定要偏移的那一侧上的点，或[退出(E)/多个(M)/放弃(U)]<退出>： （用鼠标点取）
选择要偏移的对象，或[退出(E)/放弃(U)]<退出>： （用鼠标点取）
…

绘制完成的管道平面图如图 6-12 所示。

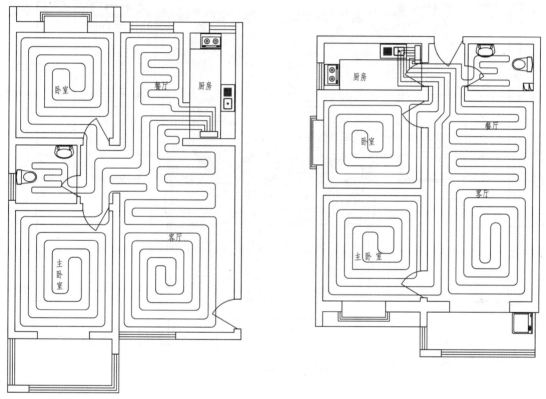

图 6-12　户内地辐射管道绘制

操作完成每户地辐射管道绘制后的一层采暖平面图如图 6-13 所示。

6.1.3　任务扩展

参考一层采暖平面图绘制方法，绘制图 6-14 所示该住宅楼二～六层采暖平面图。

绘制任务及要求如下：

(1)依据一层采暖平面图总立管和户内分集水器的位置，利用"复制"命令，将其图例复制至住宅楼二～六层平面图相同位置。

(2)依据采暖管道平面图绘制要求，按照创建图层→绘制管线平面图→局部细节绘制→标注文字的步骤，绘制图 6-14 所示的平面图。

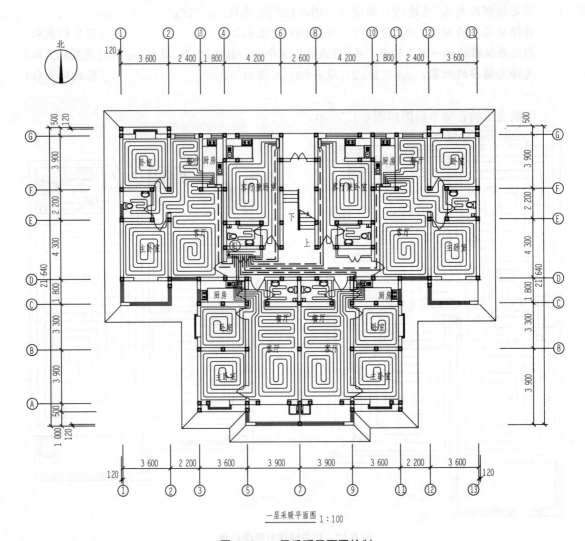

一层采暖平面图 1:100

图6-13 一层采暖平面图绘制

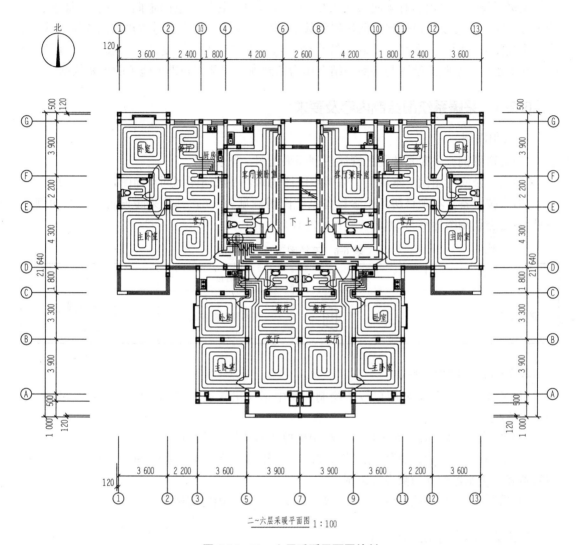

二~六层采暖平面图 1:100

图 6-14　二~六层采暖平面图绘制

任务 6.2 采暖系统图绘制

采暖系统图主要内容有采暖系统入口编号及走向、其他管道的走向、管径、坡度、立管编号；阀门种类及敷设位置；散热器的数量（也可不标注）及管道与散热器的连接形式等。采暖系统图应在同一张图纸上反映系统全貌，除非系统较大，较复杂，一般不允许断开绘制。在工程中，采暖系统图与平面图结合作为编制施工图预算和进行施工的重要依据。

6.2.1 采暖系统图绘制内容及要求

1. 常用图例

(1)管道图例。采暖系统图的管线图例同平面图，见表 6-1。

(2)附件及阀门图例。本项目中采暖系统图的附件及阀门图例同平面图，见表 6-2。

(3)采暖设备。本项目所用采暖设备系统图图例见表 6-6，其他采暖设备系统图图例可参见《暖通空调制图标准》(GB/T 50114—2010)。

表 6-6　系统图采暖设备图例

名称	图例	名称	图例
散热器及手动放气阀	15　　15	散热器及温控阀	15

2. 系统图的图示内容

(1)采暖系统图管道采用单线条绘制，图中标注出管道走向、管径、坡度、立管编号等，一般与平面图比例相同。

(2)采用散热器供暖的系统图，应绘制出散热器与管道连接位置。

(3)采用地辐射热水采暖的系统图，除应绘制出干管的敷设投影图外，还应绘制出地辐射管道和分集水器的立面敷设投影图。

(4)采暖系统图中管道活动支架一般不表示，只表示固定支架位置。

6.2.2 绘制采暖系统图

1. 绘制步骤

(1)绘制采暖系统图。根据采暖供、回水管线的走向，先布置水平干管的位置，再绘制支管，最后插入阀门、采暖设备等附件，检查无误后再标注管径和暖气片数量。

(2)绘制采暖系统详图。根据系统图需要绘制采暖计量表、分集水器、支管连接、地辐射管道等局部详图。

(3)采暖系统图绘制完成后，标注图名并插入图框。

2. 绘制实例

通过绘制地辐射热水采暖系统图，来学习绘制采暖系统图的方法和步骤。

(1)绘制阀门。将当前图层设置为相应图层，利用"矩形""直线""删除"等命令绘制阀门，绘制步骤如图 6-15(a)～(c)所示。

图 6-15　阀门绘制

（2）绘制 Y 形水过滤器。将当前图层设置为相应图层，利用"直线""镜像""旋转"等命令绘制 Y 形水过滤器，绘制步骤如图 6-16(a)～(c)所示。

图 6-16　Y 形水过滤器绘制

（3）绘制固定支架。将当前图层设置为相应图层，利用"直线""旋转""镜像"等命令绘制管道固定支架，绘制步骤如图 6-17(a)～(c)所示。

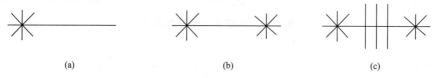

图 6-17　固定支架绘制

（4）绘制自动排气阀。将当前图层设置为相应图层，利用"矩形""圆弧""删除""直线""圆"等命令绘制自动排气阀，绘制步骤如图 6-18(a)～(d)所示。

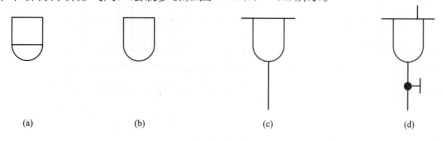

图 6-18　自动排气阀绘制

（5）绘制系统图干管。将当前图层设置为相应管线图层，先利用"直线""复制""单行文字"等命令绘制楼层线段，绘制后的图形如图 6-19(a)所示。再利用"多段线""复制"等命令绘制采暖供水和回水立管，绘制后的图形如图 6-19(b)所示。第三步利用"创建块""插入块"等命令将绘制好的阀门、固定支架、排气阀等采暖附件插入到管道相应位置，绘制后的图形如图 6-19(c)所示。最后再添加管径、标高和文字等内容，绘制后的图形如图 6-19(d)所示。

（6）绘制采暖分集水器图。将当前图层设置为相应管线图层，利用"直线""填充""单行文字"等命令先绘制分集水器设备正面投影图，再利用"多段线""复制""插入块"等命令绘制管道和附件，最后再标注管径和必要的文字。绘制步骤如图 6-20(a)～(d)所示。

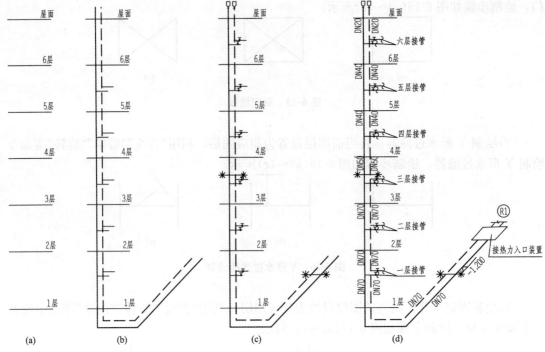

图6-19 采暖系统图干管绘制

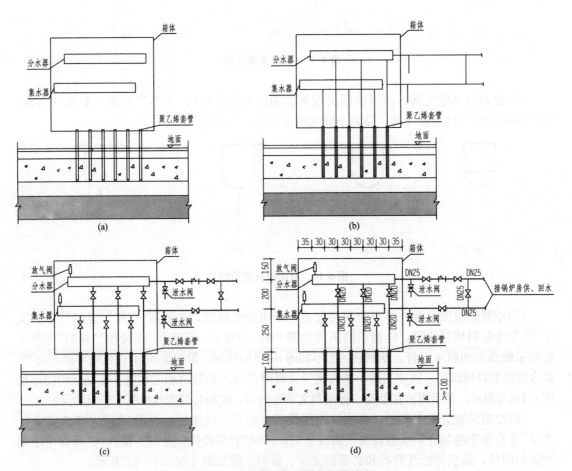

图6-20 采暖分集水器正视图绘制

将当前图层设置为相应管线图层，利用"直线""填充""单行文字"等命令先绘制分集水器设备侧面投影图，再利用"多段线""复制""插入块"等命令绘制管道和附件，最后再标注管径和必要的文字。绘制步骤如图 6-21(a)～(d)所示。

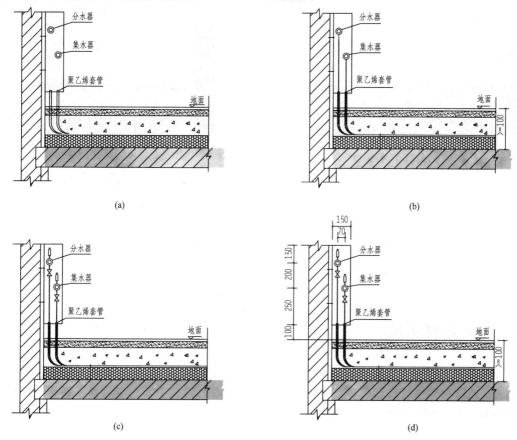

图 6-21　采暖分集水器侧视图绘制

　　(7)绘制地辐射热水管竖向图。将当前图层设置为相应管线图层，先利用"直线""多段线""圆""填充"等命令绘制底层楼板及热水管正投影图，再利用"直线""单行文字"等命令添加文字标注。绘制步骤如图 6-22(a)～(b)所示。

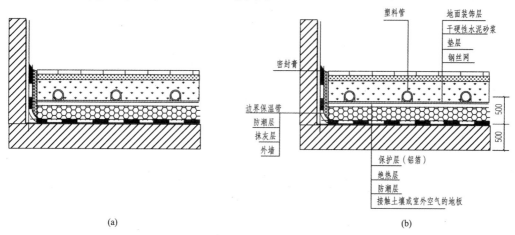

图 6-22　底层地辐射管道竖向图绘制

将当前图层设置为相应管线图层，先利用"直线""多段线""圆""填充"等命令绘制二～六层楼板及热水管正投影图，再利用"直线""单行文字"等命令添加文字标注。绘制步骤如图 6-23(a)、(b)所示。

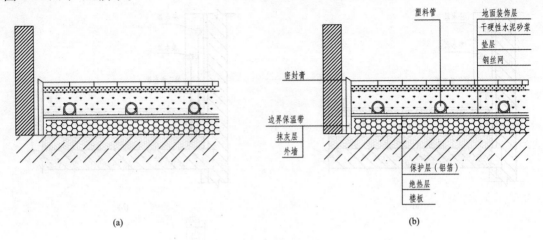

(a)   (b)

图 6-23　二～六层地辐射管道竖向图绘制

▷ 项目小结

本项目通过绘制某住宅楼地辐射热水采暖施工图的实例，在各项任务实施中讲解了利用 AutoCAD 软件绘制的要求和具体步骤。一般按照导入建筑平面图→采暖平面图→采暖系统图→详图的绘制顺序来绘制采暖施工图。

▷ 项目实训

根据本项目所学知识绘制采暖平面图和采暖系统图的方法步骤，绘制如图 6-24～图 6-26 所示某建筑单体采暖施工图，文字和尺寸标准参数按图示比例设置。

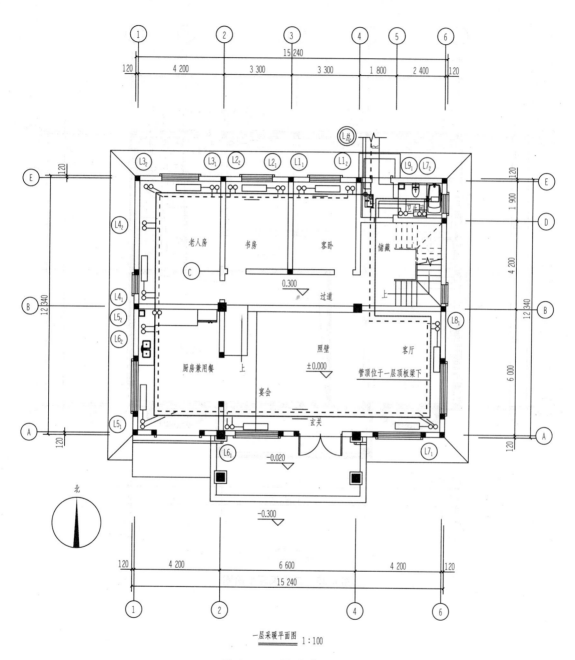

图 6-24　一层采暖平面图

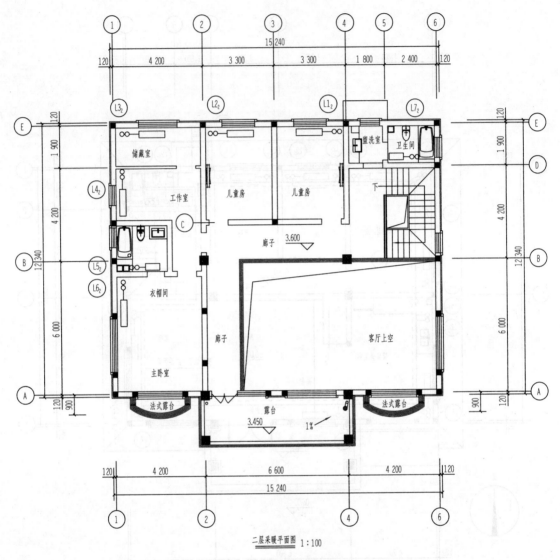

二层采暖平面图 1:100

图 6-25 二层采暖平面图

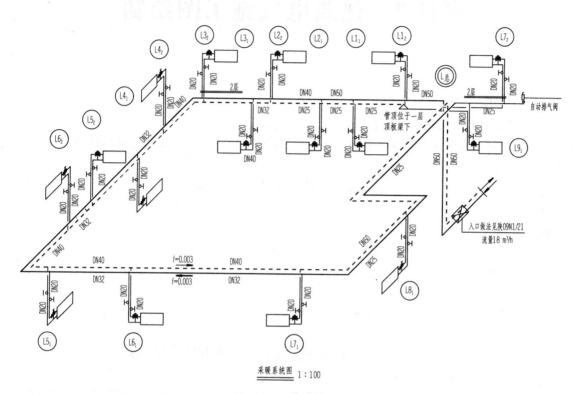

采暖系统图 1:100

图 6-26　采暖系统图

项目考核

　　通过布置采暖施工图绘图任务，考核学生利用 AutoCAD 软件独立完成单体工程采暖施工图的绘制，根据学生绘制的正确性和完整性综合评判学生的绘图能力。

项目 7　建筑电气施工图绘制

知识目标

1. 熟悉建筑电气施工图的基本组成。

2. 了解《房屋建筑制图统一标准》(GB/T 50001—2010)和《建筑电气制图标准》(GB/T 50786—2012)。

3. 掌握建筑电气照明平面图、电气照明系统图的绘制方法。

能力目标

1. 能应用 CAD 软件绘制建筑电气施工图的基本内容。

2. 能结合相关规范和标准，进行简单的建筑电气施工图绘制。

任务 7.1　建筑电气照明平面图绘制

建筑电气平面图是用设备、器具的图形符号和敷设的导线(电缆)或穿线管路的线条绘制在建筑物或安装场所，用以表示设备、器具、管线实际安装位置的水平投影图，是表示装置、器具、线路具体平面位置的图纸。电气平面图包括强电平面图和弱电平面图。

强电平面图包括电力平面图、照明平面图、防雷接地平面图、厂区电缆平面图等。

弱电平面图包括火灾自动报警平面布置图、综合布线平面图、有线电视平面图等。

本项目以绘制强电平面图中的照明部分进行讲解。

7.1.1　照明平面图绘制内容

1. 图形符号

(1)表示灯具、开关、插座等强电设备。

(2)表示配电箱、配电柜等箱柜设备。

(3)表示防雷、接地等符号。

(4)表示消防、广播、电话、通信、安防、电视监控等弱电设备。

照明平面图中常用图例符号见表 7-1。

表 7-1　常用图例符号

图例	名称	图例	名称	图例	名称
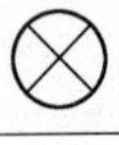	普通灯		动力配电箱		照明配电箱

图例	名称	图例	名称	图例	名称
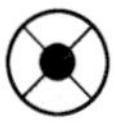 ⊗	防水防尘灯	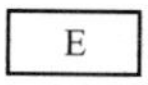 E	安全出口指示灯		带保护接点暗装插座
 ○	隔爆灯	 ⊠	自带电源事故照明灯		暗装单相插座
 ◐	壁灯	◗	顶棚灯		单相插座
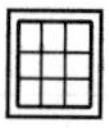 田	嵌入式方格栅吸顶灯	●	球形灯		带保护接点插座
◤	墙上座灯		暗装单极开关		插座箱
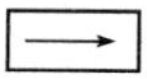 →	单相疏散指示灯		暗装双极开关		双极二三极暗装插座
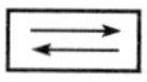 ⇄	双相疏散指示灯		暗装三极开关		带有单极开关的插座
 ⊢⊣	单管荧光灯	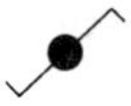	双控开关	 TV	电视插座
	双管荧光灯	 钥匙开关	钥匙开关	 TO	网络插座
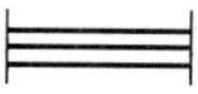	三管荧光灯	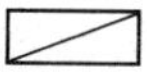 ⊘	电源自动切换箱	 TP	电话插座

2. 文字符号

照明平面图中文字符号主要为器具安装方式(表 7-2)。

表 7-2 文字符号

名称	符号	说明
器具安装方式	CP	线吊式
	Ch	链吊式
	P	管吊式
	W	壁装式
	S	吸顶或直敷式
	R	嵌入式
	CR	顶棚内安装
	WR	墙壁内安装
	CL	柱上安装
	HM	座装

7.1.2 绘制照明图例

1. 常用开关图例的绘制

常用开关图例见表 7-3。

表 7-3 常用开关图例

名称	图例	线型	线宽
单极、双极、三极 单控开关		Continuous	默认
单极、双极、三极 双控开关		Continuous	默认

（1）绘制圆。将当前图层设置为"电气设备"图层，执行"圆"命令绘制直径为 250 mm 的圆（圆的直径大小仅作为本教学案例中使用，实际使用时可根据图纸比例缩放，下同），命令参数设置如下：

  命令：_circle↙

  指定圆的圆心或[三点(3P)/两点(2P)/相切、相切、半径(T)]：

                 （用鼠标点取）

  指定圆的半径或[直径(D)]：125↙   （空格结束命令）

  绘制结果如图 7-1 所示。

图 7-1 圆的绘制

（2）绘制直线。将当前图层设置为"电气设备"图层，执行"直线"命令绘制长度为 410 mm 和 180 mm 的直线，命令参数设置如下：

  命令：_line↙

  指定第一点：   （用鼠标点取）

  指定下一点或[放弃(U)]：410↙

  指定下一点或[放弃(U)]：180↙

  指定下一点或[闭合(C)/放弃(U)]：   （空格结束命令）

  绘制结果如图 7-2 所示。

（3）旋转直线。执行"旋转"命令，基点可以选择圆心或象限点，顺时针旋转 30°，命令参数设置如下。

  命令：_rotate↙

  UCS 当前的正角方向：ANGDIR=逆时针 ANGBASE=0

  选择对象：指定对角点：找到 3 个   （用鼠标框选）

  选择对象：   （空格）

  指定基点：   （用鼠标点取）

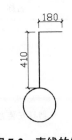

图 7-2 直线的绘制

  指定旋转角度或[参照(R)]：-30   （空格结束命令）

  绘制结果如图 7-3 所示。

（4）填充。暗装开关需填充，填充样式为"SOLID"。绘制结果如图 7-4 所示。

图 7-3　旋转直线

图 7-4　填充圆

(5)加粗。加粗电气图例，可明显区别电气设备和建筑墙线。

若本图层中所有线型均加粗，可以在"图层"中，直接设置线型宽度，如图 7-5 所示。

单击图 7-5 下方的"线宽设置"选项，在弹出的"线宽设置"对话框中勾选"显示线宽"，如图 7-6 所示。

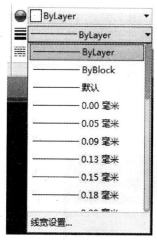

图 7-5　图层特性

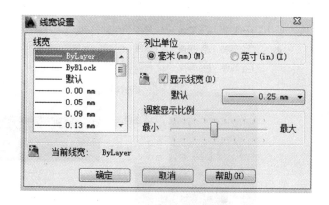

图 7-6　图层线宽设置

若该图层中部分线型加粗，可采用"多段线""偏移"等命令加粗直线，以"多段线"命令为例，介绍线型加粗方法如下：

指定起点：　　　　　　　　　　　　　　　　　　　　　　　　　　（用鼠标点取）

当前线宽为 0.000 0

指定下一个点或[圆弧(A)/半宽(H)/长度(L)/放弃(U)/宽度(W)]：W✓

指定起点宽度＜0.000 0＞：15✓

指定端点宽度＜15.000 0＞：　　　　　　　　　　　　　　　　　　（空格）

指定下一个点或[圆弧(A)/半宽(H)/长度(L)/放弃(U)/宽度(W)]：　　（用鼠标点取）

绘制结果如图 7-7 所示。

单极单控开关绘制完成。

(6)绘制双极单控、三极单控开关。通过"偏移"或"复制"命令，绘制双极单控、三极单控开关。

以"偏移"命令为例，介绍绘制方法如下（偏移距离为 80 mm）：

命令：OFFSET✓

指定偏移距离或[通过(T)]＜通过＞：80✓

图 7-7　加粗直线

选择要偏移的对象或＜退出＞：　　　　　　　　　　　（用鼠标点选）

指定点以确定偏移所在一侧：　　　　　　　　　　　　（用鼠标点取）

选择要偏移的对象或＜退出＞：　　　　　　　　　　　（空格结束命令）

绘制结果如图 7-8 所示。

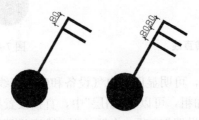

图 7-8　双极单控开关、三极单控开关

　　（7）绘制双控开关。选择单极开关，调用"环形阵列"命令（图 7-9），中心点为"圆心"，项目总数设置为"2"，绘制单极双控开关。

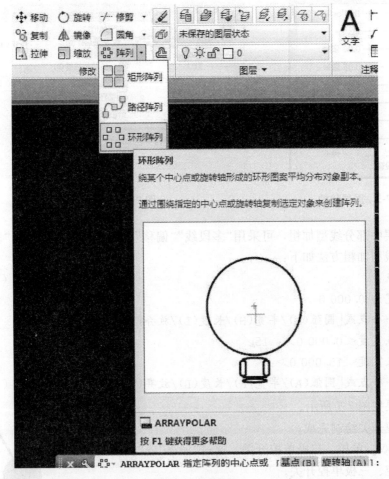

图 7-9　环形阵列

　　同样方法，可绘制双极双控开关和三极双控开关，如图 7-10 所示。

(8)创建块。将开关创建成块，方便绘图时调用。由于开关多为沿墙布置，基点可选择"象限点"，如图 7-11 所示。

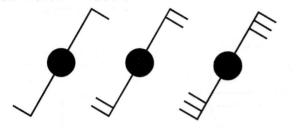

图 7-10　单极、双极、三极双控开关

图 7-11　基点选择

2. 常用插座图例的绘制

常用插座图例见表 7-4。

表 7-4　常用插座图例

名称	图例	线型	线宽
明装插座		Continuous	默认
暗装插座		Continuous	默认

(1)绘制圆。执行"圆"命令绘制直径为 500 mm 的圆，命令参数设置如下：

命令：CIRCLE↙

指定圆的圆心或[三点(3P)/两点(2P)/相切、相切、半径(T)]：　　　　　(用鼠标点取)

指定圆的半径或[直径(D)]：250　　　　　　　　　　　　　　(空格结束命令)

绘制结果如图 7-12 所示。

(2)绘制圆中心线。直线端点为圆的两个象限点，绘制结果如图 7-13 所示。

图 7-12　圆的绘制

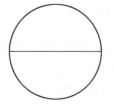

图 7-13　中心线的绘制

(3)偏移。偏移圆中心线，偏移距离分别为 250 mm 和 70 mm，命令参数设置如下：

命令：OFFSET↙

指定偏移距离或[通过(T)]：250↙

选择要偏移的对象或<退出>：　　　　　　　　　　　　　　　(用鼠标点取)

命令：OFFSET

指定偏移距离或[通过(T)]：70↙

选择要偏移的对象或<退出>：　　　　　　　　　　　　　　　(空格结束命令)

绘制结果如图 7-14 所示。

在圆象限点的位置，画一条长为 250 mm 的垂线，如图 7-15 所示。

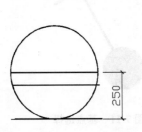 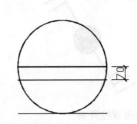 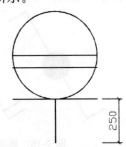

图 7-14　中心线的偏移 图 7-15　补画直线

(4)修剪。修剪中心线以上的圆，命令参数设置如下：

命令：_trim✓

当前设置：投影=UCS，边=无

选择剪切边…

选择对象： （空格）

选择要修剪的对象，或按住 Shift 键选择要延伸的对象，或[投影(P)/边(E)/放弃(U)]： （用鼠标点取）

绘制结果如图 7-16 所示。

修剪超出圆弧的直线，如图 7-17 虚线框内所示。

(5)删除中心线，如图 7-18 所示。

 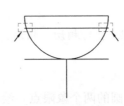 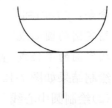

图 7-16　修剪圆 图 7-17　修剪直线 图 7-18　删除中心线

(6)加粗。线加粗方法同开关的绘制，下面用"多段线"命令讲述圆弧加粗的方法。

执行"多段线"命令，逆时针找到圆弧的"起点"，捕捉"圆心"，逆时针找到圆弧的"端点"(图 7-19)，命令参数设置如下：

命令：_pline✓

指定起点： （用鼠标点取）

当前线宽为 15.000 0

指定下一个点或[圆弧(A)/半宽(H)/长度(L)/放弃(U)/宽度(W)]：A✓

指定圆弧的端点或[角度(A)/圆心(CE)/方向(D)/半宽(H)/直线(L)/半径(R)/第二个点(S)/放弃(U)/宽度(W)]：CE✓

指定圆弧的圆心： （用鼠标点取）

指定圆弧的端点或[角度(A)/长度(L)]： （用鼠标点取）

指定圆弧的端点或[角度(A)/圆心(CE)/闭合(CL)/方向(D)/半宽(H)/直线(L)/半径

（R)/第二个点（S)/放弃（U)/宽度（W)］： （空格结束命令)

绘制结果如图 7-20 所示。

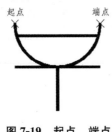

图 7-19　起点、端点　　　　　　　　　图 7-20　加粗

明装插座绘制完成。

(7)暗装插座绘制。暗装插座需要填充，填充样式为"SOLID"。绘制结果如图 7-21 所示。

(8)创建块。将插座创建成块，方便绘图时调用，由于插座一般沿墙布置，基点可选择直线"端点"，如图 7-22 所示。

图 7-21　填充　　　　　　　　　　　图 7-22　基点选择

3. 常用灯具图例的绘制

常用灯具图例见表 7-5。

表 7-5　常用灯具图例

名称	图例	线型	线宽
普通灯	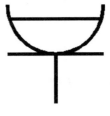	Continuous	默认
单管、双管、三管荧光灯		Continuous	默认
防水吸顶灯		Continuous	默认
花灯		Continuous	默认
自带电源应急灯		Continuous	默认

名称	图例	线型	线宽
壁灯	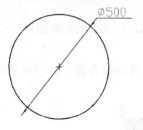	Continuous	默认

选取防水吸顶灯为例，讲解其绘制方法。

(1)绘制直径为 500 mm 的圆，如图 7-23 所示。

(2)绘制圆中心线，如图 7-24 所示。

将中心线旋转 45°，或直接采用极轴方法绘制倾角为 45°的直线，如图 7-25 所示。

图 7-23　绘制圆

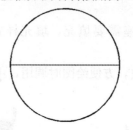

图 7-24　绘制圆中心线

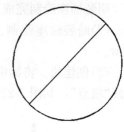

图 7-25　旋转

(3)镜像。执行"镜像"命令绘制另一条线，镜像线选择中心线，命令参数设置如下：

命令：_mirror↙

选择对象：找到 1 个

选择对象：

指定镜像线的第一点：　　　　　　　　　　　(用鼠标点取)

指定镜像线的第二点：　　　　　　　　　　　(用鼠标点取)

是否删除源对象？［是(Y)/否(N)］：N↙

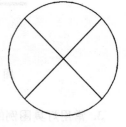

图 7-26　镜像

绘制结果如图 7-26 所示。

(4)绘制中心圆。中心圆半径为 100 mm，并进行填充，填充样式为"SOLID"。绘制结果如图 7-27 所示。

(5)加粗。方法同前述插座绘制时的加粗方法，以"多段线"命令绘制为例，逆时针方向选择"起点""圆心""终点"。绘制结果如图 7-28 所示。

(6)创建块。由于灯具通常布置在房间的中心位置，故基点可选择图形的"中心点"，如图 7-29 所示。

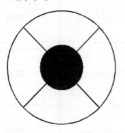

图 7-27　填充

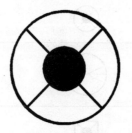

图 7-28　加粗

图 7-29　基点选择

其他灯具尺寸如图 7-30 所示。

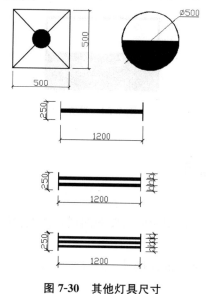

图 7-30　其他灯具尺寸

4. 常用配电箱图例的绘制

常用配电箱图例见表 7-6。

表 7-6　常用配电箱图例

名称	图例	线型	线宽
配电箱		Continuous	默认

（1）绘制矩形。执行"矩形"命令，绘制长为 800 mm，宽为 500 mm 的矩形（图 7-31），命令参数设置如下：

命令：RECTANG↙

指定第一个角点或[倒角(C)/标高(E)/圆角(F)/厚度(T)/宽度(W)]：　　　（用鼠标点取）

指定另一个角点或[尺寸(D)]：@ 800,500↙　　　（空格结束命令）

打开"对象捕捉"模式，捕捉中点，绘制中心线。绘制结果如图 7-32 所示。

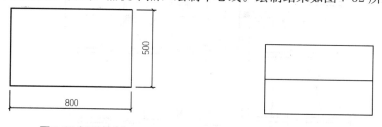

图 7-31 矩形绘制　　　　　　　　图 7-32　中心线绘制

（2）加粗、填充。加粗方法同前述开关、插座绘制方法，填充样式为"SOLID"。绘制结果如图 7-33 和图 7-34 所示。

(3)创建块。配电箱通常沿墙布置，基点可以选择"中点"，如图 7-35 所示。

图 7-33 加粗   图 7-34 填充   图 7-35 基点选择

7.1.3 绘制照明平面图

1. 绘制步骤

(1)创建图层。创建照明平面图中所需要的图层，并设置线型及颜色。

(2)绘制配电箱。

(3)绘制进户线、配电箱之间的连接导线及导线引线。

(4)绘制灯具、开关。

(5)按回路进行照明导线连接并标注导线根数。

(6)绘制插座。

(7)按回路进行插座导线连接并标注导线根数。

(8)局部细节及文件标注。

2. 绘制实例

通过绘制图 7-36 和图 7-37 所示的办公楼一层平面图，来学习绘制照明平面图的方法。

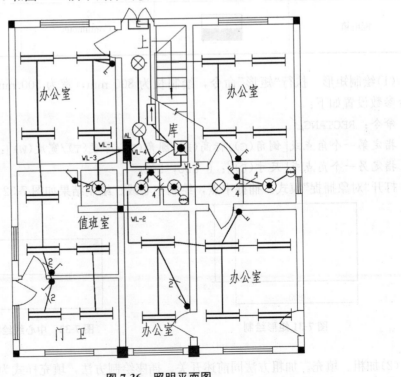

图 7-36 照明平面图

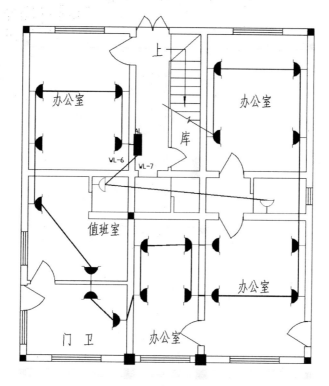

图 7-37　插座平面图

（1）调入住宅建筑平面图，关闭不需要的图层，如轴线、给水、排水、采暖等，并根据电气绘图需要创建各类图线对应图层（表 7-7）。

表 7-7　图层设置

图层名称	颜色	线型	线宽
电气设备	绿色	Continuous	默认
照明回路	红色	Continuous	默认
插座回路	蓝色	Continuous	默认
应急回路	黄色	Continuous	默认

（2）绘制配电箱。执行"插入块"命令，插入之前绘制的配电箱，操作后如图 7-38 所示。

（3）绘制灯具。执行"插入块"命令，插入之前绘制的灯具，操作后如图 7-39 所示。

（4）绘制开关。执行"插入块"命令，插入之前绘制的开关，操作后如图 7-40 所示。

（5）WL-1 回路导线连接，并标注导线根数（图 7-41）。

（6）WL-2 回路导线连接，并标注导线根数（图 7-42）。

（7）WL-3 回路导线连接，并标注导线根数（图 7-43）。

（8）WL-4 回路导线连接（图 7-44）。

（9）WL-5 回路导线连接（图 7-45）。

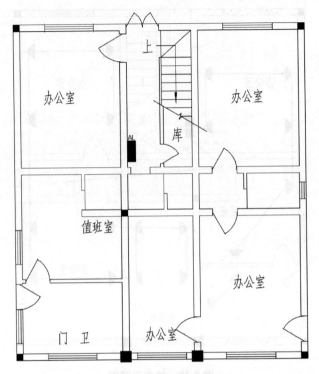

图 7-38 配电箱的绘制

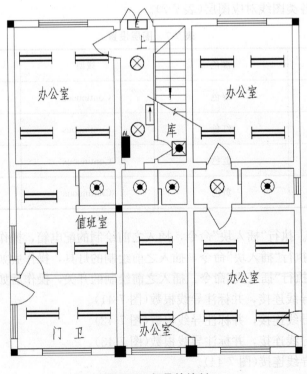

图 7-39 灯具的绘制

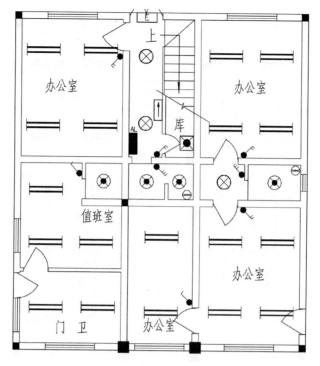

图 7-40　开关的绘制

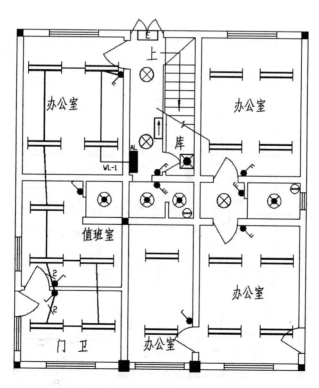

图 7-41　WL-1 回路连接及导线标注

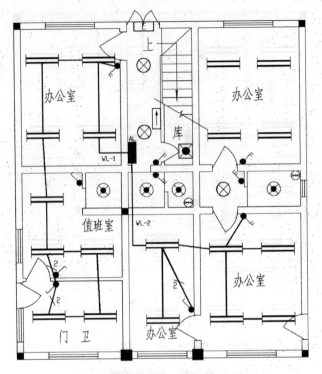

图 7-42　WL-2 回路连接及导线标注

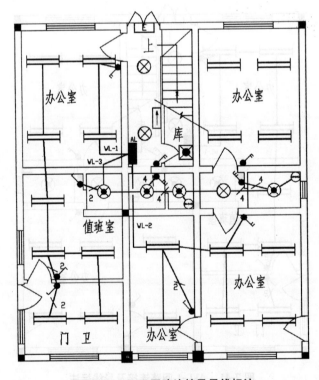

图 7-43　WL-3 回路连接及导线标注

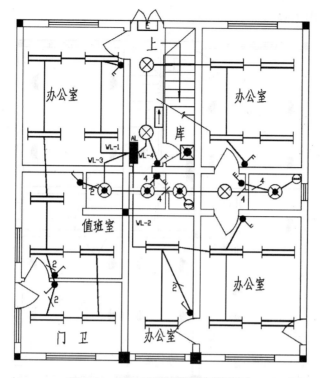

图 7-44　WL-4 回路连接及导线标注

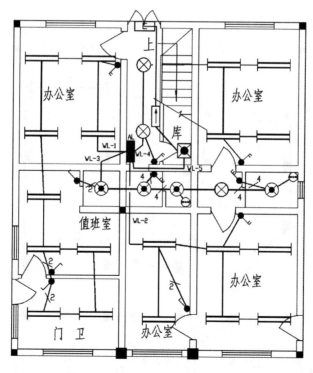

图 7-45　WL-5 回路连接及导线标注

(10)绘制插座(图7-46)。

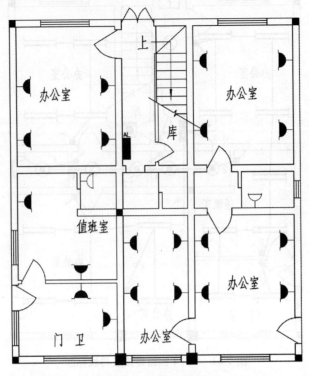

图7-46 插座的绘制

(11)WL-6回路导线连接(图7-47)。

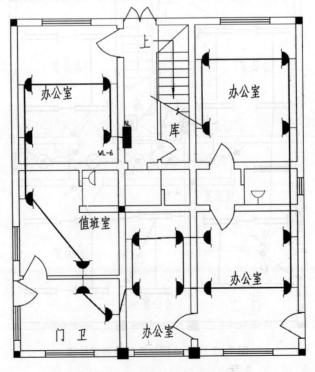

图7-47 WL-6回路连接及导线标注

(12)WL-7回路导线连接(图7-48)。

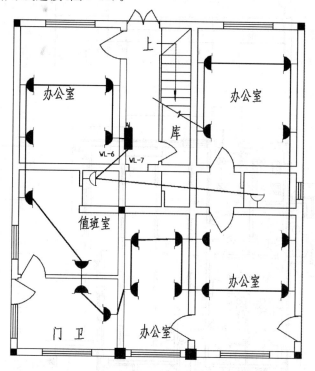

图7-48　WL-7回路连接及导线标注

(13)局部细节及文件标注。

(14)若有相同楼层，复制至相同楼层。

7.1.4　任务扩展

参考前述图7-36和图7-37所示照明平面图的绘制方法，绘制图7-49和图7-50。

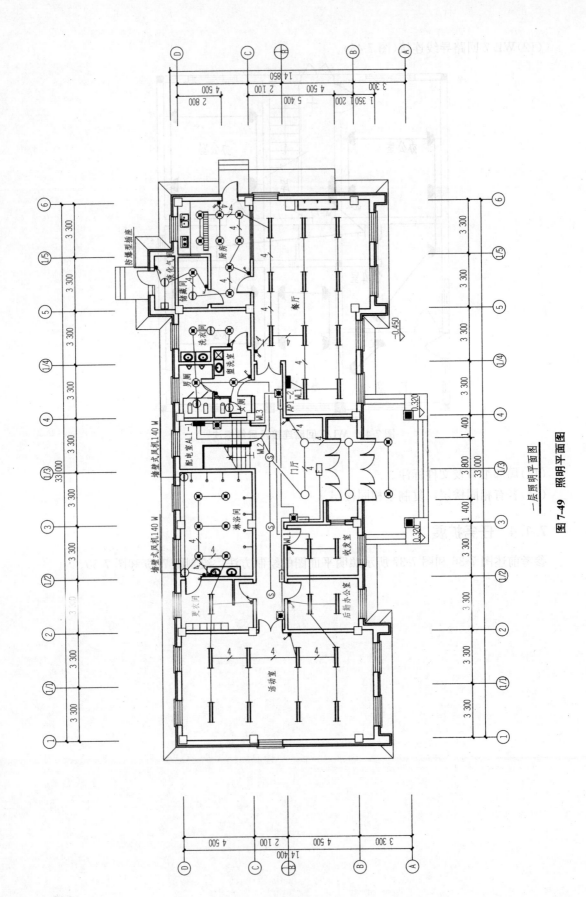

一层照明平面图

图 7-49　照明平面图

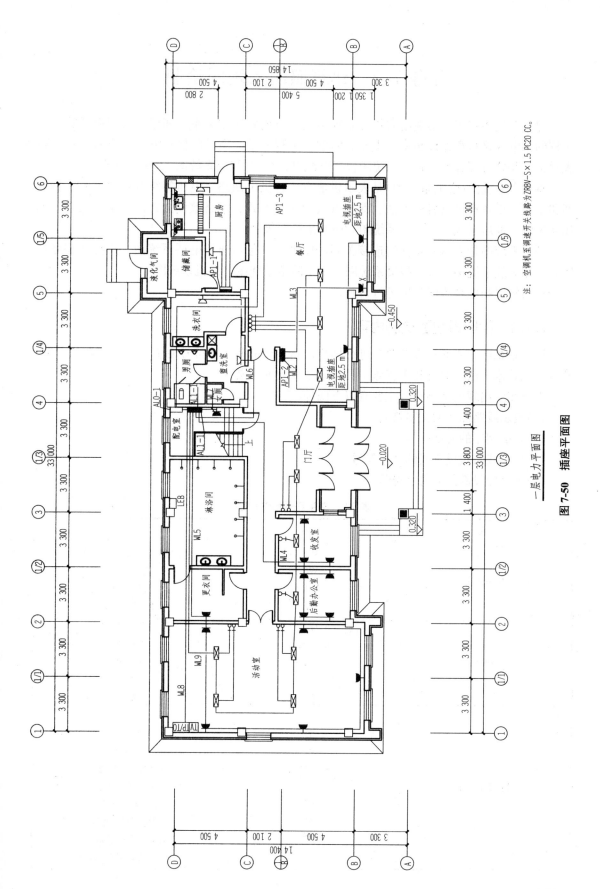

一层电力平面图

图 7-50 插座平面图

注：空调机至制冷调速开关线路为ZRBV-5×1.5 PC20 CC。

任务 7.2　建筑照明系统图绘制

建筑电气系统图是用规定的符号表示系统的组成和连接关系的图纸，其用单线将整个工程的供电线路示意连接起来，主要表示整个工程或某一项目的供电方案和方式，也可以表示某一装置各部分的关系。系统图包括供配电系统图(强电系统图)、弱电系统图。

供配电系统图(强电系统图)是表示供电方式、供电回路、电压等级及进户方式；标注回路个数、设备容量及启动方法、保护方式、计量方式、线路敷设方式的图纸。其包括高压系统图、低压系统图、电力系统图、照明系统图等。

弱电系统图是表示元器件的连接关系的图纸。其包括通信电话系统图、广播线路系统图、共用天线系统图、火灾报警系统图、安全防范系统图、微机系统图等。

本书将以强电系统图为例进行讲解。

7.2.1　照明系统图绘制内容

照明系统图主要通过文字符号进行标注，熟悉和掌握文字符号便于了解设计者的意图、掌握施工技术方法，对安装工程施工具有十分重大的意义。

系统图中出现的文字符号主要有以下四种(表 7-8)：

(1)表示线路标注的文字符号。

(2)表示相序的文字符号。

(3)表示线路敷设方式的文字符号。

(4)表示敷设部位的文字符号。

表 7-8　文字符号标注内容

名称	符号	说明
线路标注	WP	电力(动力回路)线路
	WC	控制回路
	WL	照明回路
	WE	事故照明回路
相序	A(或 L1)	第一相
	B(或 L2)	第二相
	C(或 L3)	第三相
	N	零线
	PE	地线
线路敷设方式		明敷
	E	暗敷
	C	沿钢索敷设
	SRSCTC	穿水煤气钢管敷设
	CP	穿电线管敷设
	PC	穿金属软管敷设
	FPC	穿硬塑料管敷设
	CT	穿半硬塑料管敷设
		电缆桥架敷设

名称	符号	说明
敷设部位	F	沿地敷设
	W	沿墙敷设
	B	沿梁敷设
	CE	沿顶棚敷设或顶板敷设
	BE	沿屋架或跨越屋架敷设
	CL	沿柱敷设
	CC	暗设在顶棚或顶板内
	ACC	暗设在不能进入的吊顶内

7.2.2 绘制系统图例

1. 断路器图例的绘制

断路器图例见表 7-9。

表 7-9 断路器图例

名称	图例	线型	线宽
断路器		Continuous	默认
漏电保护器	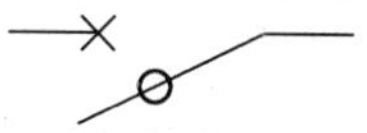	Continuous	默认

(1)绘制"十"字形直线。绘制两条长度为 200 mm 的直线(图 7-51)。

(2)旋转"十"字形直线。基点可选择"圆心",角度设置为 45°(图 7-52),命令参数设置如下:

命令:_rotate✓

UCS 当前的正角方向: ANGDIR=逆时针 ANGBASE=0

指定基点: (用鼠标点取)

指定旋转角度,或[复制(C)/参照(R)]:45✓ (空格结束命令)

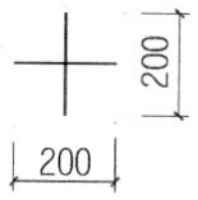

图 7-51 "十"字形直线

图 7-52 旋转

(3)以"×"交点为起点,绘制长度为 600 mm 的直线(图 7-53)。

图 7-53 绘制直线

(4)以直线右侧端点为基点，如图 7-54 所示，将直线旋转 30°(图 7-55)。

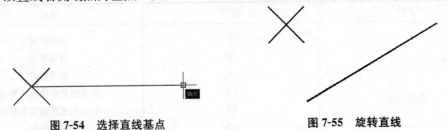

图 7-54　选择直线基点　　　　　　　图 7-55　旋转直线

(5)补画两端直线(图 7-56)，断路器绘制完成。

(6)在断路器上绘制直径为 70 mm 的圆(图 7-57)，漏电保护器绘制完成。

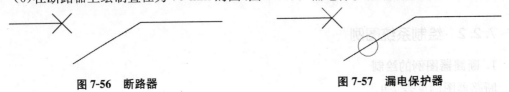

图 7-56　断路器　　　　　　　　　　图 7-57　漏电保护器

(7)将断路器左侧"×"删除，补画一条直线(图 7-58)，隔离开关绘制完成。

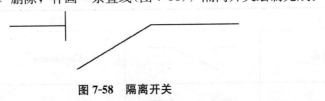

图 7-58　隔离开关

(8)加粗。为了便于区别断路器与支线，将断路器等设备加粗，加粗方法同前述开关、插座的绘制方法。

(9)创建块。由于断路器通常插入至系统支线中，故基点可以选择两侧的端点，如图 7-59 所示。

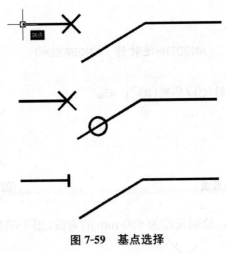

图 7-59　基点选择

2. 浪涌保护器(SPD)图例的绘制

浪涌保护器(SPD)图例见表 7-10。

表7-10 浪涌保护器(SPD)图例

名称	图例	线型	线宽
浪涌保护器		Continuous	默认

(1)执行"直线"命令，绘制长为 300 mm，宽为 650 mm 的矩形，如图 7-60 所示。

(2)执行"定数等分"命令，将矩形长边三等分(图 7-61)，命令参数设置如下：

命令：_divide↙

选择要定数等分的对象：　　　　　　　　　　　　　　　　　　(用鼠标点选)

输入线段数目或[块(B)]：3↙　　　　　　　　　　　　　　　(空格结束命令)

(3)执行"直线"命令，连接垂足及中点，如图 7-62 所示。

(4)删除辅助点，并填充图形，如图 7-63 所示。

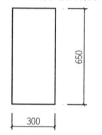
图 7-60 绘制矩形

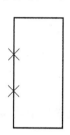
图 7-61 定数等分

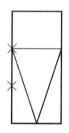
图 7-62 连接垂足及中点

图 7-63 填充图形

浪涌保护器绘制完成。

3. 接地图例的绘制

接地图例见表 7-11。

表7-11 接地图例

名称	图例	线型	线宽
接地		Continuous	默认

(1)绘制长度为 300 mm 和 150 mm 的直线，如图 7-64 所示。

(2)偏移直线，偏移距离为 100 mm，如图 7-65 所示。

图 7-64 绘制直线

图 7-65 偏移

(3)执行"调整线条长度"命令，增量值为 −50(图 7-66)，命令参数设置如下：

命令：LENGTHEN✓

选择对象或［增量(DE)/百分数(P)/全部(T)/动态(DY)］：de✓

输入长度增量或［角度(A)］：- 50✓

选择要修改的对象或［放弃(U)］：　　　　　　　　　（空格结束命令）

(4)加粗、创建成块。由于接地符号插入支线中，基点可选择端点，如图7-67所示。

图7-66　调整直线长度　　　　　　**图7-67　基点选择**

接地符号绘制完成。

7.2.3　绘制照明系统图

1. 绘制步骤

(1)创建图层。创建系统图中所需要的图层，并设置线型及颜色。

(2)绘制主干线及分支线。

(3)绘制断路器、漏电保护器、浪涌保护器等电气设备。

(4)标注文字。

2. 绘制实例

通过绘制图7-68所示某办公楼照明系统图，学习绘制照例系统图的方法和步骤。

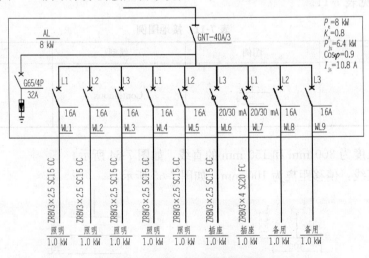

图7-68　某办公楼照明系统图

(1)调入住宅建筑平面图，关闭不需要的图层，如轴线、给水、排水、采暖等，并根据绘图需要创建各类图线对应图层(表7-12)。

表7-12 图层设置

图层名称	颜色	线型	线宽
电气设备	绿色	Continuous	默认
照明回路	红色	Continuous	默认
插座回路	蓝色	Continuous	默认
应急回路	黄色	Continuous	默认

(2)绘制配电箱进线,如图7-69所示。

(3)绘制配电箱支线,并插入隔离开关、断路器、漏电保护器等电气设备,如图7-70所示。

修剪多余的直线,如图7-71所示。

(4)标注支路相关信息,如图7-72所示。

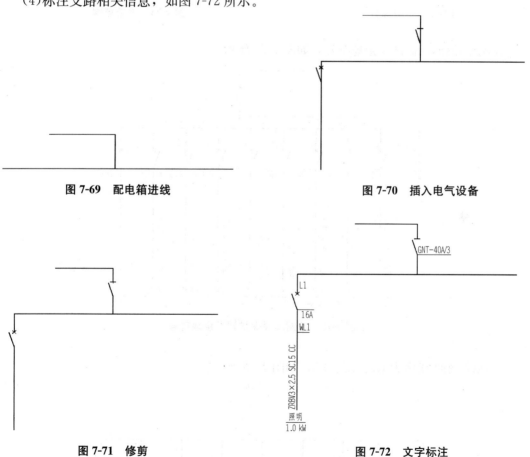

图7-69 配电箱进线

图7-70 插入电气设备

图7-71 修剪

图7-72 文字标注

(5)定数等分,将干线九等分(图7-73),命令参数设置如下:

命令:DIVIDE↙

选择要定数等分的对象:　　　　　　　　　　　　　　　　(用鼠标点选)

(6)多重复制，并删除定数等分的辅助点，如图 7-74 所示。

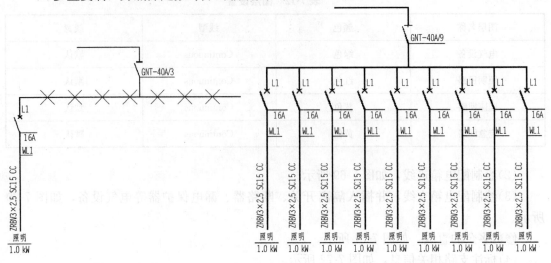

图 7-73　定数等分　　　　　　　　　　图 7-74　多重复制

(7)绘制浪涌保护器及接地符号，如图 7-75 所示。

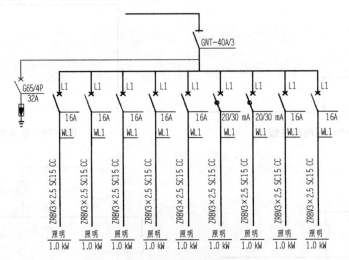

图 7-75　绘制浪涌保护器及接地符号

(8)修改相线线序为 L1、L2、L3，如图 7-76 所示。

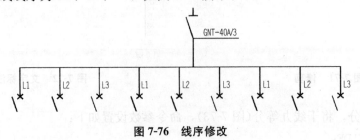

图 7-76　线序修改

(9)将 6、7 回路的断路器修改为漏电保护器，并更改各回路的电流值，如图 7-77 所示。

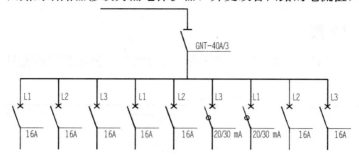

图 7-77　断路器修改

(10)修改线路标号及管线标识，如图 7-78 所示。

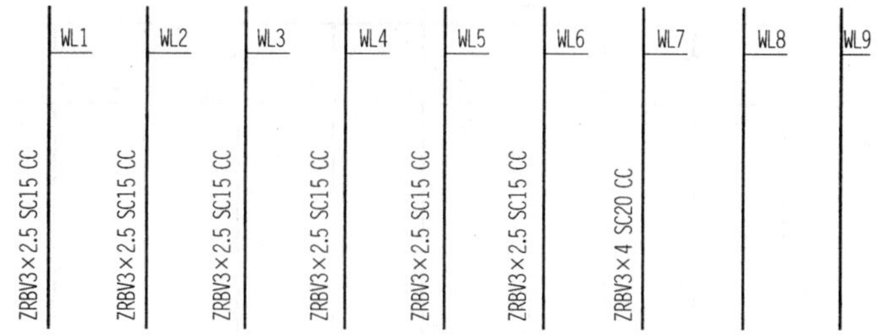

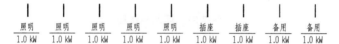

图 7-78　线路及管线修改

(11)修改线路名称，如图 7-79 所示。

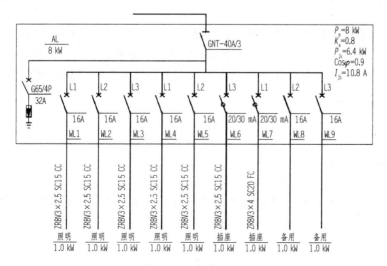

图 7-79　线路名称修改

(12)配电箱负荷标注，如图 7-80 所示。

图 7-80　负荷标注

照明系统图绘制完成。

7.2.4 任务扩展

参考图 7-68 所示照明系统图的绘制方法，绘制图 7-81 所示照明系统图。

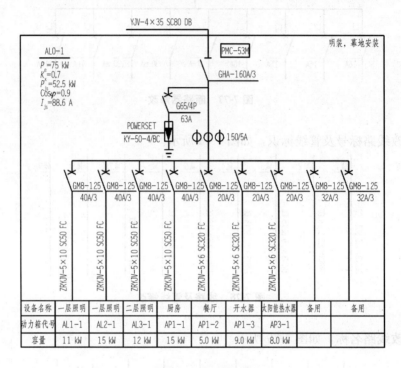

图 7-81 照明系统图

项目小结

　　本项目通过绘制某住宅楼照明平面图、插座平面图和照明系统图的实例，在各项任务实施中讲解了利用 AutoCAD 软件绘制建筑电气施工图的要求和具体步骤。一般按照设置绘图环境→设置图层→绘制电气图例→插入电气图例→细部绘制→标注文字等的绘制顺序来绘制建筑电气施工图。

项目实训

　　绘制如图 7-82～图 7-84 所示的某办公楼照明平面图、插座平面图和系统图。

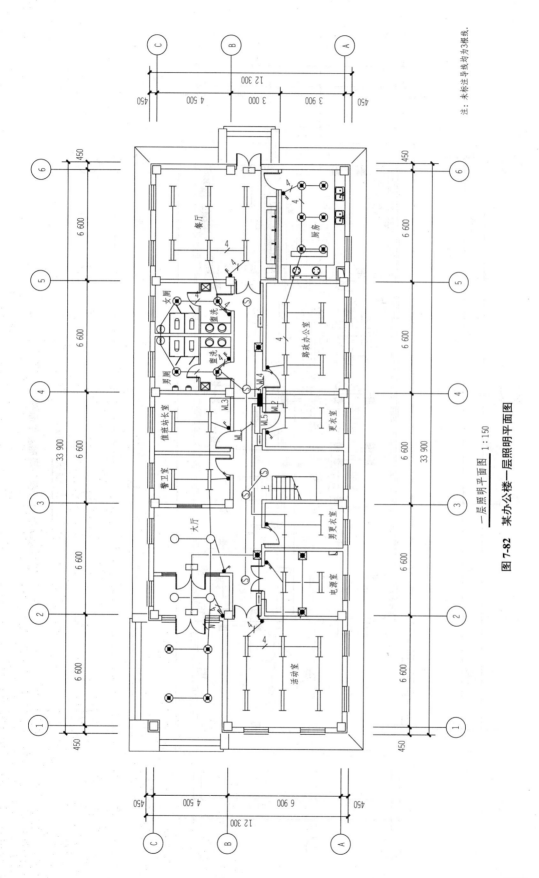

一层照明平面图 1:150

图 7-82 某办公楼一层照明平面图

注：未标注导线均为3根线。

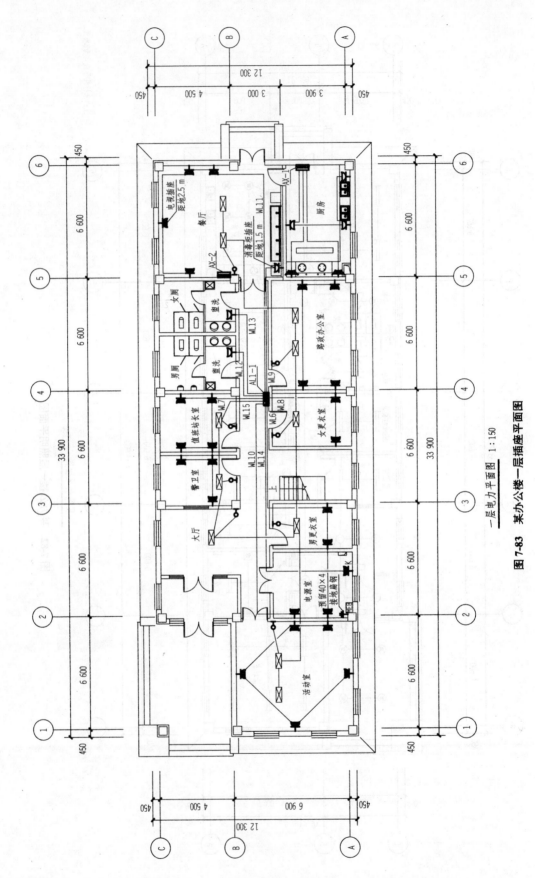

一层电力平面图 1:150

图 7-83　某办公楼一层插座平面图

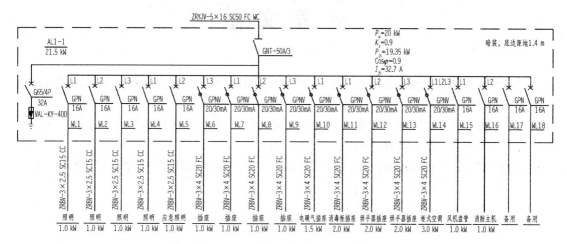

图 7-84 某办公楼一层系统图

通过布置建筑电气施工图绘图任务，考核学生利用 AutoCAD 软件独立完成照明平面图、插座平面图和照明系统图的绘制，根据学生绘制的完整性和耗时综合评判学生成绩。

参 考 文 献

[1] 中华人民共和国国家标准 . GB/T 50104—2010 建筑制图标准[S]. 北京：中国计划
  出版社，2011.

[2] 中华人民共和国国家标准 . GB/T 50106—2010 建筑给水排水制图标准[S]. 北京：
  中国建筑工业出版社，2010.

[3] 中华人民共和国国家标准 . GB/T 50114—2010 暖通空调制图标准[S]. 北京：中国
  建筑工业出版社，2010.

[4] 中华人民共和国国家标准 . GB/T 50786—2012 建筑电气制图标准[S]. 北京：中国
  建筑工业出版社，2012.

[5] 李建新 . 中文版 AutoCAD 2016 应用宝典[M]. 北京：北京日报出版社，2016.

[6] 徐江华 . Auto CAD 2014 中文版基础教程[M]. 北京：中国青年出版社，2014.

[7] 赵洁，陈民，王觅，等 . AutoCAD 2013 建筑制图案例教程[M]. 北京：航空工业
  出版社，2013.

[8] 曾令宜 . AutoCAD 2010 工程绘图技能训练教程（土建类）[M]. 北京：高等教育出
  版社，2011.

[9] 姚小春，魏立明 . 建筑电气 CAD 工程制图与设计[M]. 北京：北京理工大学出版
  社，2015.

[10] 李秀娟 . AutoCAD 绘图简明教程（2008 版）[M]. 北京：北京艺术与科学电子出版
  社，2009.